高等职业教育系列教材

XML基础与案例教程

黄 源 董 明 舒 蕾 编著

机 械 工 业 出 版 社

XML（可扩展标记语言）被设计用来在互联网中传输和保存数据。本书全面系统地介绍了 XML 基本技术，将理论与实践操作相结合，通过大量的案例帮助读者快速了解和应用 XML 相关技术。

本书一共 8 章，内容包括 XML 概述及标记语言介绍、XML 语法、XML 文档类型定义、XML Schema、XML 的显示、XML 数据源对象 DSO、文档对象模型 DOM 与 Xpath 查询以及 XML 与数据交换等内容。

本书既适合作为高职高专院校的教材，也可供广大 XML 爱好者自学使用。

为方便教学，本书提供重点、难点微课视频，扫描书中二维码即可观看。另外，本书配有授课电子课件、源代码和习题答案，需要的教师可登录 www.cmpedu.com 免费注册、审核通过后下载，或联系编辑索取（QQ：1239258369，电话：010-88379739）。

图书在版编目(CIP)数据

XML基础与案例教程/黄源，董明，舒蕾编著．—北京：机械工业出版社，2018.1(2022.7 重印)
高等职业教育系列教材
ISBN 978-7-111-58862-7

Ⅰ.①X… Ⅱ.①黄… ②董… ③舒… Ⅲ.①可扩展标记语言-程序设计-高等职业教育-教材 Ⅳ.①TP312

中国版本图书馆 CIP 数据核字(2017)第 330909 号

机械工业出版社(北京市百万庄大街 22 号 邮政编码 100037)
策划编辑：鹿 征 责任编辑：鹿 征
责任校对：张艳霞 责任印制：郜 敏
北京盛通商印快线网络科技有限公司印刷
2022 年 7 月第 1 版 · 第 3 次印刷
184mm×260mm · 15 印张 · 365 千字
标准书号：ISBN 978-7-111-58862-7
定价：49.00 元

电话服务
客服电话：010-88361066
010-88379833
010-68326294

网络服务
机 工 官 网：www.cmpbook.com
机 工 官 博：weibo.com/cmp1952
金 书 网：www.golden-book.com
机工教育服务网：www.cmpedu.com

前　言

XML是W3C于1998年发布的一种标记语言，它与HTML语言类型都是通过大量的标记来存储和传输网络数据的。在经过长时间的完善后，XML现已经成为在互联网上传递信息的一种主要语言。

本书以理论与实践操作相结合的方式深入讲解XML的基础知识，在内容设计上既有上课时老师的讲述部分，包括详细的理论与典型的案例；又有课堂中的"想一想""练一练"环节，双管齐下，极大地激发学生在课堂上的学习积极性与主动创造性，使学生学到更多有用的知识和技能。同时在每章结束部分安排实训和习题，通过典型题目让学生将该章知识点转换为实际工作中所需要的相关技能。

本书在内容上全面介绍了XML的相关技术，共分8章，内容包括XML概述及标记语音介绍、XML语法、XML文档类型定义、XML Schema、XML的显示、XML数据源对象DSO、XML文档对象模型、DOM与Xpath查询以及XML与数据交换。

本书特色如下：

1）采用"理实一体化"教学方式，既有教师的讲述又有学生独立思考、上机操作的内容。

2）丰富的教学案例，包含教学课件、源代码、习题答案，以及重点、难点的微课视频等多种教学资源。**微课视频可通过扫描书中二维码直接观看，方便教师教学和学生自学。**

3）紧跟技术发展，注重技术变化，书中包含最新的XML与JSON相关知识。

本书由黄源、董明、舒蕾编著。其中，黄源编写第1、3、4、8章和第7.3节；董明编写第5、7章（除第7.3节）；舒蕾编写第2、6章；全书由黄源负责统稿工作。重庆航天职业技术学院徐受蓉教授对书中内容进行了审阅。在编写过程中，编者参阅大量的相关资料，在此表示感谢！

由于编者水平有限，书中难免出现疏漏之处，衷心希望广大读者批评指正！

编　者

目　录

第1章　XML 概述及标记语言介绍

本章要点

- 标记语言的基本概念
- HTML 语言语法格式
- XML 语言语法格式
- XML 语言相关技术及应用领域

1.1　标记语言简介

标记语言简介

1.1.1　标记语言的概念

标记语言的出现是伴随着计算机的使用而产生的，在早期的计算机中，电子文档格式较混乱，语义模糊，不容易理解。而标记语言用一系列约定的标记来标示文档，增加文档的可读性和可区分性，方便计算机的信息处理。

在书信的信息描述中加入标记后，文档的可读性大大加强了。如下例所示：

您好！

好久不见了，您最近还好吗？

黄源

2016 年 12 月 12 日

加入标记后的效果：

<称呼>您好！</称呼>

<正文>好久不见了,您最近还好吗？</正文>

<发件人>黄源</发件人>

<日期>2016 年 12 月 12 日</日期>

加入标记后，用户更容易阅读计算机程序。

1.1.2　SGML 介绍

SGML（通用标记语言）是由美国的 IBM 公司在 1969 年开发的，它是在早期的标记语言基础上发展起来的。SGML 的出现是标记语言历史上的一个里程碑，标志着任何人、任何组织都可以自行定义所需要的标记语言。

SGML 是一种较清晰的格式化文档语言，用于创建和发布文本信息，使用成对的“< >”尖括号来表述对象，对电子文档的组织结构、段落、章节、字体等内容进行描述，是当今 Web 语言的先驱，对万维网的发展起到了重要的作用。

SGML 对文档定义是多方面的，例如下面的一段话：

明天下午有空吗？我们三点在颐和园西门外的池塘边见一面好吗？

翻译成 SGML 如下表示：

```
<正文>
<段落>明天下午有空吗？我们三点在颐和园西门外的池塘边见一面好吗？</段落>
</正文>
```

通过尖括号的使用，文档的阅读明显变得容易了。因此，SGML 作为一种通用的标记语言，功能强大，具有很高的可扩展性，但是 SGML 的缺点也很明显，即太复杂、成本高且不易维护。在这种情形下，SGML 的发展受到了制约。

1.1.3 HTML 和 XML 的诞生

到了 20 世纪 90 年代，随着互联网的发展，通过 SGML 衍生出了许多标记语言，其中最著名的当数 HTML（超文本标记语言）和 XML（可扩展标记语言）。HTML 继承了 SGML 的特点，使用固定的标记来描述网页中的文本信息，而 XML 则来源于 SGML 的一个子集，是一种元标记语言。与 SGML 相比，XML 显得更加开放和自由，它保留了 SGML 的灵活性，用户可自行定义所需要的所有标记，从而变得更加容易学习和使用。

1.2 HTML 概述

HTML（超文本标记语言）是在 20 世纪 90 年代由欧洲量子实验室的人员进行设计和推广的，并由 W3C 发布了相关版本，从而受到广泛的关注和认可。

HTML 作为一种特定的 SGML 文档类型简单易学，深受厂商的支持，从 20 世纪 90 年代中期开始各大厂商纷纷推出能够运行 HTML 的浏览器。

但是 HTML 的缺点也比较明显，如扩展性较差、不能够很好分离文档中的数据和样式、对数据的存储能力不强、对跨平台的数据传输支持有限等。

1.2.1 HTML 基本格式及特点

在 W3C 定义的 HTML 文档格式中，其所有的标记都是固定的，不能随意更改，并且数目有限，要想学习 HTML 必须要牢牢掌握常见标记的语法规则。

例 1-1 一个最简单的 HTML 文档示例。

```
<html>
<head>
<title>这是我的第一个网页</title>
</head>
<body>
大家好,欢迎来到我的主页!
</body>
</html>
```

在浏览器中打开如图 1-1 所示。

这是我的第一个网页

大家好，欢迎来到我的主页！

图 1-1　第一个 HTML 实例

在书写 HTML 时，可以通过记事本来编写文档，再保存为“ *. html”的网页格式，即可使用浏览器来运行查看效果。从此例可以看出，HTML 语言结构简单，包含的主要部分如下。

<html>开始标记：表明这是一个 HTML 格式的文档。

<head>头部标记：网页头部信息。

<title>标题标记：网页显示在浏览器中的标题。

<body>正文标记：网页的主体部分。

在标记书写中用<>和</>来形成封闭，如下：

开始←——<body>内容</body>——→结束

在书写中，标记对大小写不敏感，但是一般推荐小写标记。

除此之外，在整个网页中，还可以加入其他标记，形成丰富多彩的网页内容。

练一练：用记事本编写一个 HTML 文档，并用浏览器打开。

1.2.2　HTML 基本语句介绍

在 HTML 标准中，常见标记如下。

标题类标记：h1 ~ h6 用来表示标题大小，h1 最大，h6 最小。

段落标记：<p>用来设置文章中的分段；
用来设置分行。

图像标记：<img>，用来设置网页中的图像信息。

排版标记：<div>、<span>，用来进行网页元素的排版。

列表标记：<ul>，用来设置网页中的列表效果。

表格标记：<table>，用来设置网页中的表格。

超链接标记：<a>，用来设置网页中的各种链接。

表单标记：<form>，用来制作网页中的表单效果。

注释标记：<!--注释的内容-->，用来解释 HTML 语句，它不会显示在网页中。

文件头标记：<meta>，用来描述网页中的头部信息，便于在网上的搜索。

字体标记：<font>，用来描述网页中的字体格式。

在标记书写中，可以通过加入属性，更好地对该标记进行描述。

图像标记的属性：<img　src="" alt="">。

超链接标记的属性：<a　href="">。

表格标记的属性：<table width ="" border ="" >。

表单标记的属性：<input type ="'name ="'id ="' >。

一个完整包含图像标记和超链接标记的例子如下：

```
<html>
<head>
<title>html 图像标记</title>
</head>
<body bgcolor="pink">
```

单击这个图像可以访问指定的目标网页。

```
<a href=" sohu.html"><img src="winter.jpg"/></a>
</body>
</html>
```

当浏览这个页面时，单击图像即可实现对网页的超链接访问。

例 1-2 包含多种标记的 HTML 文档示例。

HTML 的实现

```
<html>
<head>
<title>我的第一个 HTML 页面</title>
</head>
<body>
<img  src="1.jpg"  width="100"  height="100"/>
<p>大家好</p>
<p>body 元素的内容会显示在浏览器中。</p>
<p>title 元素的内容会显示在浏览器的标题栏中。</p>
<table  border="1" width="100" height="100">
<tr>
<td>1</td>
<td>2</td>
</tr>
<tr>
<td>3</td>
<td>4</td>
</tr>
</table>
<h4>一个无序列表:</h4>
<ul>
<li>中国</li>
<li 美国</li>
<li>德国</li>
</ul>
<hr/>
```

```
</body>
</html>
```

在浏览器中打开，如图 1-2 所示。

大家好

body 元素的内容会显示在浏览器中。

title 元素的内容会显示在浏览器的标题栏中。

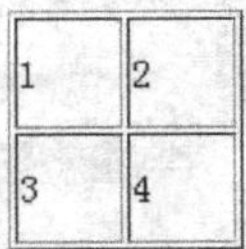

1	2
3	4

一个无序列表：

- 中国
- 美国
- 德国

图 1-2　标记书写实例

在该例中使用图像标记 <img>、段落分段标记 <p>、表格标记 <table>、列表标记 <ul> 和水平线标记 <hr>。

练一练：用记事本编写 HTML 文档，介绍自己情况，并用浏览器打开查看结果。

1.3　XML 概述

XML 概述

随着互联网应用的不断发展，HTML 过于简单的弱点以及不能对数据类型进行描述、容易产生歧义、结构组织不严密等诸多问题纷纷暴露了出来。

在 W3C 组织的不断推动下，XML（可扩展标记语言）于 1998 年获得了其规范和标准，并一直沿用至今，成为了在 Internet 上保存和传输信息的主要标记语言。

XML 的主要特点是将数据的内容和形式相分离，以便于在互联网上的传输。例如一件商品的记录信息既可以显示在 PC 屏幕上，也可以显示在手机端，还可以显示在其他各种移动设备中。虽然屏幕大小有区别，但是它们的数据内容是完全一致的，都可以显示如下内容：

```
<商品信息>
<商品名称></商品名称>
<商品产地></商品产地>
<商品价格></商品价格>
```

```
</商品信息>
```

在 Web 中显示的上述内容即是 XML 文档的标准格式。从 XML 文档的整体结构上看，它在网页中显示成树状结构，它的显示总是从“根部”开始，然后延伸到“枝叶”。该例中“商品信息”即为树根，“商品名称”“商品产地”和“商品价格”即为树叶。

一个完整的 XML 文档：

```
<?xml version = "1.0" encoding = "gb2312"?>
<图书信息>
<书名>射雕英雄传</书名>
<作者>金庸</作者>
<出版商>三联出版社</出版商>
<出版日期>1953 年</出版日期>
</图书信息>
```

第一句 <?xml version = "1.0" encoding = "gb2312"?> 用来声明 XML 语句的规范信息，包含了 XML 声明、XML 的处理指令及架构声明。其中 version = "1.0" 指出版本，而 encoding = "gb2312" 则给出语言信息。

从 <图书信息> 开始为文档主体。在这个例子中，所有的标记都是开发者自行定义的，以尖括号开始 < > 并在结束时以 </> 封闭。在标记元素中 <图书信息> 便是 XML 的根元素，其后的 <书名>、<作者>、<出版日期> 都是 <图书信息> 的子元素，子元素必须包含在根元素之中。

以下的例子不能运行，因为子元素不在根元素中，层次混乱，违背了语法规则。

```
<?xml version = "1.0" encoding = "gb2312"?>
<图书信息>
<书名>射雕英雄传</书名>
<作者>金庸</作者>
</图书信息>
<出版商>三联出版社</出版商>
<出版日期>1953 年</出版日期>
```

值得注意的是，在书写 XML 文档时，每一个 XML 文档只能够有一个根元素，如本例的“图书信息”。在根元素下可以包含任意多个子元素，如本例的“书名”“作者”“出版日期”等，在子元素中又可包含子元素。书写的所有标记前后必须一致，并且不能出现特殊字符：<，> 和 &。

在记事本中书写完成后，创建该文档的后缀名为 *.xml，即可在浏览器中打开查看。但是必须要语法正确，否则会提示错误信息，如标记没有封闭、标记前后不一致等都没有办法打开。

在浏览器中打开，显示结果如图 1-3 所示。

在浏览器中，XML 显示为树形结构，数据内容用黑色的字体给出，便于和标记（红色字体）区分开。在左侧的窗口中可以看到根元素“图书信息”左边有一个“-”号，表示它下面又包含若干子元素，可以展开和收起来，单击即可完成此操作。

值得注意的是，XML 文档的不同内容在浏览器中显示时会呈现不同的颜色。

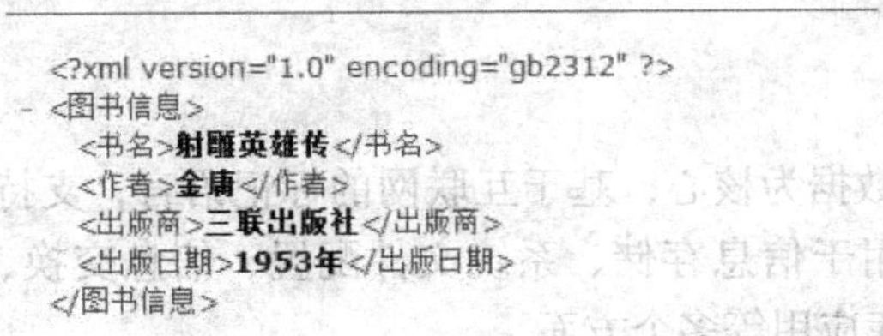

```
<?xml version="1.0" encoding="gb2312" ?>
- <图书信息>
    <书名>射雕英雄传</书名>
    <作者>金庸</作者>
    <出版商>三联出版社</出版商>
    <出版日期>1953年</出版日期>
  </图书信息>
```

图 1-3 xml 标记书写

在浏览器中无法显示的实例，是由于标记前后的不一致导致的，如图 1-4 所示。

无法显示 XML 页。

无法查看使用 XSL 样式表的 XML 输入。请更正错误然后单击 刷新 按钮，或稍后重试。

结束标记 '日期' 与开始标记 '出版日期' 不匹配。处理资源 'file:///C:/Users/xxx/Desktop/教材/例子/1-3/1-3.xml' 时出错。第 6 行，位置: 17

```
<出版日期> 1953年 </日期>
----------------^
```

图 1-4 xml 标记书写错误

练一练： 把这个文档写在记事本中，保存为 *.xml 的文档，然后用浏览器打开查看结果。

1.3.1 XML 的优点

XML 的设计思路是把数据和它显示的方式分开，以用于在不同的设备上显示相同的数据。它的主要优点如下。

1. 可读性和可扩展性

XML 文档标记由开发者自行定义，因此语义明确、可读性强、不容易出现歧义。并且，XML 允许各个行业和组织自己建立合适的标记集合，开发自己的语言标准，如数学标记语言 MathML、无线通信标记语言 WML、化学标记语言 CML、手持设备标记语言 HDML、生物序列标记语言 BSML、天文学标记语言 AML、气象标记语言 WOMF、广告标记语言 AdML 等，并支持多种语言编码格式，使用广泛。

2. 跨平台的传输

XML 是基于互联网的文本传输和应用，比其他的数据存储格式更适合于网络中的传输，它的文件格式小，浏览器对它的解析快，非常合适互联网中的各种应用。同时，XML 数据格式支持网络中的信息检索，并能降低网络服务器的负担，对智能网络的发展起到了关键的作用。

3. 与其他编程软件协同工作

XML 语言阅读性非常高，并且可以和其他的数据存储软件方便地进行格式转换，还支持 Java 等网络编程语言，适合目前流行的面向对象的编程模式和网络编程。

练一练： 查找在 Windows 里其他类似的 XML 文档。

1.3.2 XML 的应用

XML 文本文档是以数据为核心，基于互联网的标记语言，支持跨平台的数据传输，自它出现以后便广泛地应用于信息存储、系统文件配置、信息交换、Web 服务、电子商务、网络信息集成以及数据库应用等多个方面。

1. 数据存储与数据交换

数据存储和数据交换是 XML 语言最重要的应用，它的特点得到了越来越多的业内同行的认可。使用 XML 描述的数据灵活方便，不仅可以运行于不同的平台上，还可以运行在不同的设备之间，它起到了连接有线和无线、台式计算机设备和移动设备的桥梁的作用。

在目前火热的 EDI（电子数据交换）中，XML 能够在多种不同格式的文档之间快速地转换，使其成为各种应用程序文档格式的首选。

2. Web 服务和数据集成

XML 文档本身就是基于 Internet 来传输的，整个互联网应用的基础就在于服务器采用了 XML 方式在系统间交换数据。此外，目前的各种移动端的数据传输格式也是基于 XML 来制定的标准。

在物联网和大数据时代到来的时候，随着网络连接的更加畅通，智能网络的不断发展也使得 XML 技术有了更加广阔的天地。

3. 电子商务领域

电子商务的发展离不开 XML 技术的支持，XML 的文档能够清晰地定义数据类型和数据格式，并极大程度上消除语义歧义，增强文档的可读性，让电子商务的实现越来越简单和安全。

XML 丰富的标记完全可以满足将来电子商务交易中各种不同类型的单据描述，越来越多的企业正在解决的一个重要问题就是在将来用 XML 实现在电子商务中的全部数据交换。

4. 信息配置与数据库的存储

XML 文档也可以看成是一个小型的数据库，它不但可以存储数据，还可以记录数据的格式和数据的类型。在实际应用中，通过外部的 DTD 定义或者 Schema 定义，可以为 XML 文档提供一套统一的严格验证格式，加快彼此的信息共享，从而进一步提升效率。

此外，现代的所有配置文件几乎都使用 XML，如 Windows 中的文档等。它结构清晰，层次分明，比之前的键值方式更容易体现清晰的结构。

5. 在不同行业中的 XML 描述

1）XHTML（可扩展超文本标记语言），用于 Web 中的信息处理。

2）数学标记语言（MathML），用于描述数学公式的标记语言。

3）无线标记语言（WML）非常适合在手持设备上显示 Web 页面的信息。

```
<?xml version = "1.0"?>
<!DOCTYPEwml PUBLIC " -//PHONE.COM//DTD WML 1.1//EN" "http://www.phone.com/
dtd/wml11.dtd">
<wml>
<card id = "main" title = "First Card">
```

```
<p mode = "wrap" >This is a sample WML page. </p >
</card >
</wml >
```

4）音乐标记语言（MusicML），记录音乐的调子。

```
< ?xml   version = "1. 0"  encoding = "UTF - 8"    standalone = "no" ? >
< !DOCTYPE score - partwise PUBLIC " -//Recordare//DTD MusicXML 3. 0 Partwise//EN" " ht-
tp://www. musicxml. org/dtds/partwise. dtd" >
< score - partwise version = "3. 0" >
< part - list >
< score - part id = "P1" >
< part - name > Piano </part - name >
</score - part >
</part - list >
</score - partwise >
```

5）化学标记语言（CML），用于描述化学公式的标记语言。

6）矢量标记语言（VML），用于描述各种矢量图形。

7）Windows 中的配置文件，使用 XML 文档来保存信息。

```
< ?xml version = "1. 0"  encoding = "iso - 8859 - 1" ? >
< SUF70UninstallData >
< DataFilePath > C: \windows\unii. dat </DataFilePath >
< CPRegKey > SOFTWARE\Microsoft\Windows\CurrentVersion\Uninstall\MaxDOS 9. 2 </
CPRegKey >
< EXELocation > C: \windows\uni. exe </EXELocation >
< AppShortcutFolderPath > C: \ProgramData\Microsoft\Windows\Start Menu\Programs\MaxDOS </Ap-
pShortcutFolderPath >
< UninstallReverseOrder > 1 </UninstallReverseOrder >
< UninstallFiles >
</SUF70UninstallData >
```

如今，无数的公司都使用 XML 文档来描述其业务中的数据表示，这也是 XML 最为广泛的应用。它的应用几乎包含了各个领域，从医药到卫生，从种植到农产品评测，从金融证券交易到银行的数据处理，从基础学科的研究领域到市场化的网络通信标准，XML 的身影无处不在。

练一练：从网上搜索一个实际的用 XML 文档书写的实例。

1.3.3 XML 的相关技术

XML 不仅仅是一种标记语言，更是一系列技术的组合，通过使用它的相关技术、模型和标准来创建、运行和显示 XML 文档。

1. XML 解析器

在对 XML 文档进行操作之前首先要解析它，在应用系统开发时，如果要调用 XML 则必须通过能够识别 XML 的解析器来帮助实现，这和运行其他编程软件是一样的。通过解析器来读取 XML 文档中数据信息，目的是把 XML 文档中无序的字符序列转化成人们需要的数据格式。

目前常见的 XML 解析器主要有以下 4 种。

（1）DOM 解析技术

DOM（Document Object Model），即文档对象模型。这种方式是 W3C 推荐的处理 XML 的标准方式，它是一种基于树形的解析技术，以层析结构描述文档的数据节点，将整个 XML 文档读入内存，构建一个 DOM 树来对各个节点（Node）进行操作，让 XML 文档的阅读和编写都变得很容易。

（2）SAX 解析技术

SAX（Simple API for XML），基于事件的 XML 文档解析标准，使用"推"的模式进行解析。SAX 提供 EntityResolver、DTDHandler、ContentHandler、ErrorHandler 接口，分别用于监听解析实体事件、DTD 处理事件、正文处理事件和处理出错事件。

（3）JDOM 解析技术

JDOM 是 Java 特定的文档模型，它属于轻量级的解析方式，自身不包含解析器。它通常使用 SAX2 解析器来解析和验证输入 XML 文档（尽管它还可以将以前构造的 DOM 表示作为输入）。它包含一些转换器以将 JDOM 表示输出成 SAX2 事件流、DOM 模型或 XML 文本文档。

（4）微软的核心 XML 解析技术

微软的 XML 核心服务（MSXML），它是微软标准的 XML 工具包，还包含解析器，对 XML 的支持力度空前的强大。这个工具主要是在微软的浏览器使用 XML，在 IE7 以后的版本中还提供了一个内置的解析器帮助开发者运行该文档。初学者可使用最简单的记事本编写 XML 文档，然后运行 IE 浏览器观看程序结果。

2. DTD

DTD（文档类型定义），用于定义 XML 文档的结构和包含的数据，确保文档的有效性。它可以用来验证该 XML 文档是否为格式良好的文档。DTD 是 W3C 正式认可的 XML 验证规范，值得注意的是 DTD 本身不属于 XML 规范，它有自己的语法格式，开发者要熟练掌握才能写出良好的验证代码。不过目前 DTD 正在被 XML Schema 所取代。

3. XML Schema

与 DTD 一样，XML Schema 也是用来定义 XML 词汇表，创建数据类型，它是继 DTD 之后的用来描述 XML 文档的第二代标准。Schema 的最初规范是 W3C 于 2001 年提出的，现在使用的版本是 2004 年版。Schema 中文叫作"模式"或者"架构"，它使用基本 XML 语法来创建，内置基本数据类型，用户也可以由此自定义数据类型，由于 Schema 比 DTD 增加了更多的功能，因此可以对 XML 文档进行更加精确的验证。

4. XSLT

XSLT（可扩展样式语言转换）是一种描述性语言，是 XML 文档显示样式的最主要技术之一，XSLT 使用模板来决定输出结果，进行文档格式的转换，可以依据 XML 的文档数据进行文本置换、智能筛选、数据排序等操作。在语法上，XSLT 本身就是符合 XML 规范的，它是一个结构完整的 XML 文档。浏览器在显示数据的时候，能够接受 XML 中的格式的输入并把它转换为对应的数据。

5. DOM

DOM（文档对象模型），一旦 XML 文档解析完成，在内存空间里就会生成相应的数据模型，这时 DOM 就会提供对象以及对象包含的属性和方法，使开发者可以通过编程来控制 XML 文档中的相应的组件。

DOM 的核心是用一个树形结构来遍历 XML 文档，开发者可以使用 DOM 来显示和操纵文档中的任意节点，不足之处在于当文档庞大的时候，可能会耗费极大的内存空间，增加系统运行的时间。

6. DSO

DSO（数据源对象），可以把 XML 文档和 HTML 网页绑定，并通过方法调用 XML 的数据显示在网页中，通常这种方法也称为“数据岛”。这种借助 HTML 网页格式来显示 XML 文档的元素内容的方式，既保持了 XML 文档数据和格式分离的特点，又使用到了 HTML 网页丰富的展示形式，具备很好的可操作性。

7. Xpath

Xpath 主要用于在 XML 文档中路径及节点的选择。它从根元素开始遍历，可以定位到文档中的任意节点。路径的遍历以根开始（用“/”表示遍历方法），通过相对路径或绝对路径来实现，功能十分强大，常常用于 XML Schema、XQuery 等相关技术中。

8. XQuery

XQuery 和 XSLT 比较类似，都是用查询并显示所需要的数据。不同之处在于，XQuery 本身不是 XML 格式，它比 XSLT 更加容易编写，但是需要有专门的处理软件来实现。

1.4 XML 的开发环境

编写并运行 XML 文档的方式主要有两种：一种是直接通过 Windows 中的记事本编写，保存后在浏览器中打开；另一种是使用包含 XML 的编辑工具来编写运行。

1.4.1 在记事本中创建

打开 Windows 中的记事本文档，书写 XML 内容，并将其保存为 *.xml 的文件，然后通过浏览器运行该文档。

书写一个 XML 文档如下：

```
<?xml version="1.0" encoding="GB2312"?>
<?xml-stylesheet type="text/xsl" href="welcome.xsl"?>
<欢迎词>
<标题>热烈欢迎新同学</标题>
<主体>热烈欢迎来自全国各地的同学,来我校学习。</主体>
</欢迎词>
```

再将它保存为后缀名为 .xml 的文档，如图 1-5 所示。保存后即可在网页中运行并查看结果。

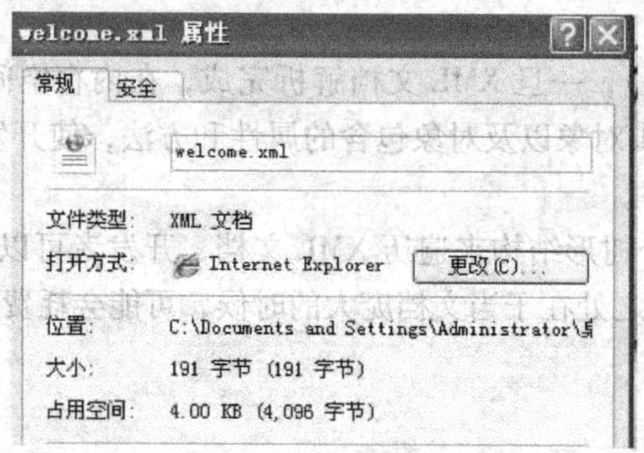

图 1-5　保存 XML 文档

1.4.2　使用工具开发

目前市面上 XML 编辑工具繁多，很多工具功能都很强大，可在线免费下载使用。下面介绍几个常用的工具。

1. XMLSpy

XMLSpy 是所有 XML 编辑器中非常著名的一个软件，支持 WYSWYG，支持 Unicode、多字符集，支持 Well - formed 和 Validated 两种类型的 XML 文档，支持 NewsML 等多种标准 XML 文档的所见即所得的编辑，同时提供了强有力的样式表设计。

XMLSpy 运行界面如图 1-6 所示。

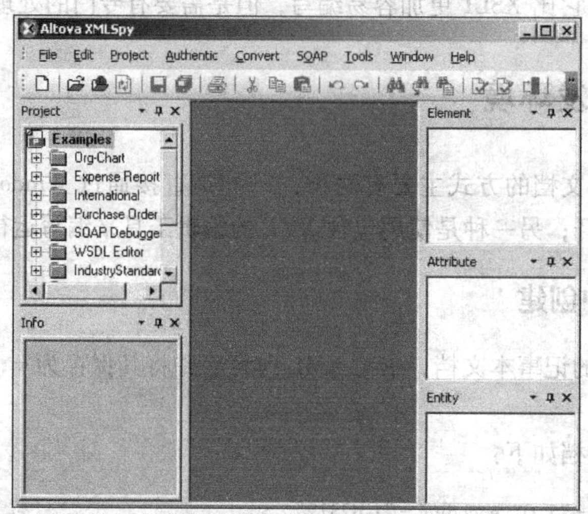

图 1-6　XMLSpy 运行界面

2. XML Notepad

XML Notepad 是一个简单的 XML 阅读和编辑工具，支持多种语法显示和数型结构排列，并提供了大量编写 XML 所需的工具。XML Notepad 的运行界面如图 1-7 所示。

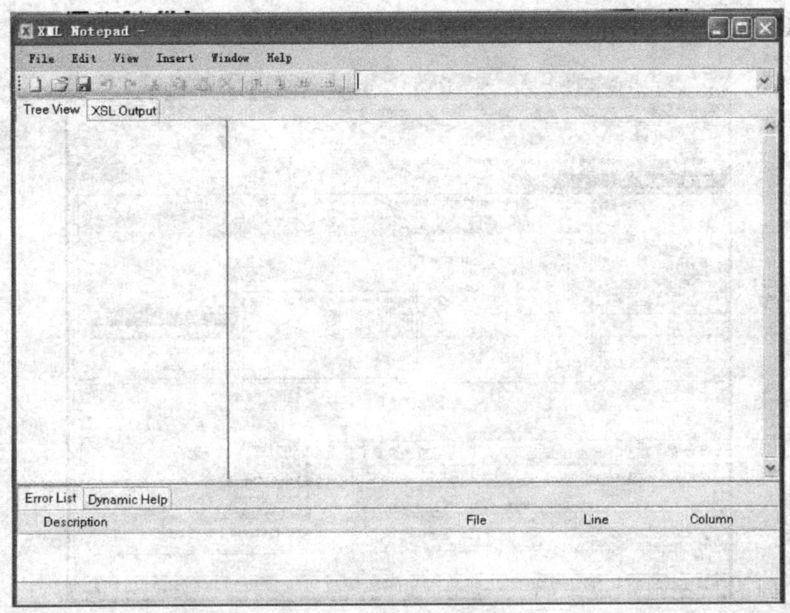

图 1-7　XML Notepad 运行界面

3. XML 文件编辑器

微软发布了一款 XML 文件编辑器，其操作简单，是不错的 XML 编辑工具，支持多种语法显示和数型结构排列。XML 文件编辑器的运行界面如图 1-8 所示。

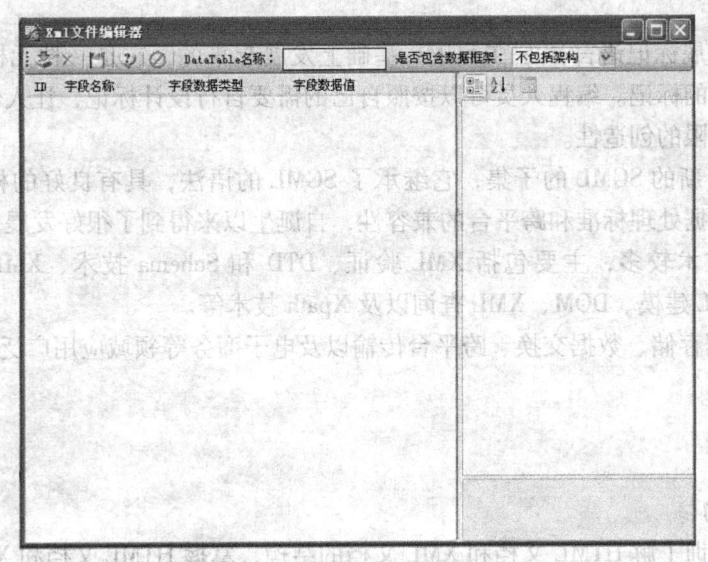

图 1-8　XML 文件编辑器运行界面

4. EditiX

EditiX 是一个跨平台、多种用途的 XML 编辑器和 XSLT 调试器（1.0 和 2.0），帮助 Web 开发人员和程序员使用 XML 和 XML 相关技术。它提供多种功能，在一个完善的 IDE，引导用户进入智能助手，并实时检测 XPath 位置和语法错误。EditiX 包括默认模板的 XML、

DTD，符合 XHTML、XSLT 样式。其运行界面如图 1-9 所示。

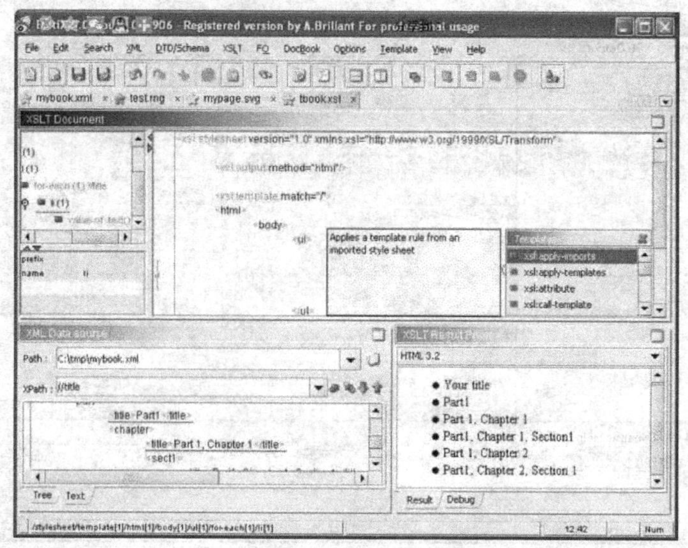

图 1-9　EditiX 运行界面

练一练：从网上下载一个 XML 编辑器，安装并运行。

1.5　小结

XML（可扩展标记语言）是在 SGML 基础上发展起来的，它是一种元标记语言，同时又是一种可扩展的标记。编程人员可以按照自己的需要自行设计标记，让人们在所工作领域的空间中发挥无限的创造性。

XML 是一个新的 SGML 的子集，它继承了 SGML 的语法，具有良好的格式、严格验证机制、快捷的数据处理标准和跨平台的兼容性，自诞生以来得到了很好发展。

XML 相关技术较多，主要包括 XML 验证、DTD 和 Schema 技术、XML 显示、CSS 和 XSLT 技术、XML 建模、DOM、XML 查询以及 Xpath 技术等。

XML 在数据存储、数据交换、跨平台传输以及电子商务等领域应用广泛。

1.6　实训

1. 实训目的

通过本章实训了解 HTML 文档和 XML 文档的结构，掌握 HTML 文档和 XML 文档的书写方式和运行方式。

2. 实训内容

1）书写一个 HTML 聊天室界面文档并运行。代码如下：

```
<html>
<body>
    <h2>注册信息</h2>
```

```
<table border = "2"  width = "100% " >
<form name = "formOne"  method = "post"  action = "name. jsp" >
<tr > <td width = "30% " >用户名: </td > <td > <input name = "username"  id = "uesername" >1
-16 个字符 <div id = "qq" > </div > </td > </tr >
<tr > <td >密码: </td > <td > <input type = "password"  name = "passname"  id = "passname" >长
度为 6 ~16 位 </td > </tr >
<tr > <td > 确认密码: </td > <td > <input type = " password"  name = " passname2"  id = "
passname2" > </td > </tr >
<tr > <td >真实姓名: </td > <td > <input name = " username1"  id = " username1" > </td > </
tr >
<tr > <td >性别: </td > <td > <select > <option >男 </option > <option >女 </option > </se-
lect > </td > </tr >
<tr > <td >E - mail 地址: </td > <td > <input name ='mailname'id ='mailname'   value = " sohu@
sohu. com" > </td > </tr >
<tr > <td >备注: </td > <td > <textarea cols =35 rows =10 > </textarea > </td > </tr >
<tr > <td > <input type = "button"  value = "提交" / > </td > <td > <input type = "reset"  value
= "取消"/ > </td > </tr >
</form >
</table >
</body >
</html >
```

2）小明所在的公司要配置一批计算机，使用电子文档格式进行保存和数据传输。请用 XML 语言设计其文档格式和内容。代码如下：

```
<?xml version = "1. 0"  encoding = "gb2312"? >
  <计算机配置信息 >
  <市场部 >
  <CPU >AMD 870K 盒装 </CPU >
  <内存 >威刚 XPG 威龙 DDR4 8G </内存 >
  <主板 >微星 B150M MORTAR </主板 >
  <显卡 >索泰 GTX960 -4GD5 至尊 </显卡 >
  </市场部 >
  <技术部 >
  <CPU >AMD 870K 盒装 </CPU >
  <内存 >威刚 XPG 威龙 DDR4 8G </内存 >
  <主板 >微星 B150M MORTAR </主板 >
  <显卡 >迪兰 Devil R9 370X 2G </显卡 >
  </技术部 >
  <财务部 >
  <CPU >AMD 870K 盒装 </CPU >
  <内存 >威刚 XPG 威龙 DDR4 8G </内存 >
  <主板 >微星 B150M MORTAR </主板 >
  <显卡 >索泰 GTX960 -4GD5 至尊 </显卡 >
```

```
</财务部>
</计算机配置信息>
```

3）查看 Windows 中的 XML 文档。打开“计算机”，进入“C 盘”，在“Windows”目录下查找文件类型为 XML 的文档，并打开它查看其中记录的内容。

4）修改下面这个 XML 文档，让它正确显示。

```
<?xml version="1.0" encoding="GB2312" ?>
<世界杯>
<分组>2016 年欧洲杯 A 组情况</分组>
</世界杯>
<世界杯>
<分组>2016 年欧洲杯 B 组情况
</世界杯>
<分组>2016 年欧洲杯 C 组情况</分组>
<分组>2016 年欧洲杯 D 组情况</分组>
<分组>2016 年欧洲杯 E 组情况</分组>
<分组>2016 年欧洲杯 F 组情况</分组>
```

1.7 习题

1. 选择题

1）可扩展标记语言指的是（　　）。

A. HTML　　B. XML　　C. SGML　　D. DTD

2）DTD 的作用是（　　）。

A. 显示文档　　B. 修饰文档　　C. 书写文档　　D. 验证文档

3）在 HTML 中，图像标记指的是（　　）。

A. img　　B. src　　C. br　　D. DTD

4）CSS 的中文含义是（　　）。

A. 层叠样式表　　B. 标记语言　　C. 万维网　　D. 超文本标记

5）Schema 是用来（　　）XML 文档的。

A. 显示文档　　B. 修饰文档　　C. 书写文档　　D. 验证文档

6）XML 文档中的根元素（　　）。

A. 只能有一个　　B. 无限制　　C. 没有　　D. 最多两个

2. 简答题

1）简述标记语言的特点。

2）简述 XML 的特点。

3）XML 的使用有什么限制吗？

4）请比较 HTML 和 XML 的异同。

第 2 章　XML 语法

本章要点

- XML 文档基本结构
- XML 命名规范
- XML 元素和属性的书写与使用
- XML 名称空间的含义

XML 文档结构

2.1　XML 文档结构

XML 文档主要用来存储和交换信息，一个具有良好格式的 XML 文档一般由两大部分组成：XML 声明和 XML 主体。

具有良好格式的 XML 通常指的是它遵循 W3C 的推荐标准：

- 文档内容与数据的分离。
- 文档中标记的正确书写。
- 文档组成部分的显示顺序。

例 2-1　一个具有良好格式的 XML 文档示例。

```
<?xml version="1.0" encoding="gb2312"?>
<!--以下是图书的文档-->
<四大名著>
  <三国演义>
    <作者>罗贯中</作者>
    <主要内容>描述东汉末年的三国割据</主要内容>
  </三国演义>
  <西游记>
    <作者>吴承恩</作者>
    <主要内容>描述唐僧师徒取经的故事</主要内容>
  </西游记>
  <红楼梦>
    <作者>曹雪芹</作者>
    <主要内容>描述贾宝玉与林黛玉的悲惨爱情和整个大家族的起起落落的故事</主要
内容>
  </红楼梦>
  <水浒传>
    <作者>施耐庵</作者>
```

```
        <主要内容>描述梁山英雄的故事</主要内容>
    </水浒传>
</四大名著>
```

在例 2-1 中描述了一个完整的 XML 文档，该文档以根元素“四大名著”开始，其中包含了 4 个子元素，分别介绍四大名著的相关信息。在该 XML 文档中第一行为文档的声明部分，其后的部分为文档元素主体内容部分。如图 2-1 所示。

```
<?xml version="1.0" encoding="gb2312" ?>
<!-- 以下是图书的文档 -->
- <四大名著>
  - <三国演义>
      <作者>罗贯中</作者>
      <主要内容>描述东汉末年的三国割据</主要内容>
    </三国演义>
  - <西游记>
      <作者>吴承恩</作者>
      <主要内容>描述唐僧师徒取经的故事</主要内容>
    </西游记>
  - <红楼梦>
      <作者>曹雪芹</作者>
      <主要内容>描述贾宝玉与林黛玉的悲惨爱情和整个大家族的起起落落的故事</主要内容>
    </红楼梦>
  - <水浒传>
      <作者>施耐庵</作者>
      <主要内容>描述梁山英雄的故事</主要内容>
    </水浒传>
  </四大名著>
```

图 2-1　一个完整的 XML 文档

XML 文档以序文部分开始，在序文中主要包含 3 部分：声明内容、处理指令和文档的注释部分。

1. 声明部分

在 XML 文档中，文档声明部分一般书写：<?xml version = "1.0" encoding = "gb2312"?>，其中声明以“<?xml”开始，以“?>”结束，且必须写在文档的第 1 行。

version = "1.0" 指明了该文档所使用的的版本。当前 XML 的版本为“1.0”或“1.1”，这里使用的是“1.0”，在大多数的文档中都使用“1.0”版本。

XML 文档通过 encoding 属性设置编码字符集，XML 文档支持多种编码，如 UTF-8、Unicode(UTF-16)、windows-1252、ISO-8859-1 等。

encoding = "gb2312" 指明了该文档所使用的的编码标准。该语句只能位于 version = "1.0" 之后，它是可选择的属性，当它为默认值时，XML 只能使用 UTF-8 或是 UTF-16 编码方式来处理文档。“gb2312”说明在该文档中可以使用简体文中字符来处理信息，若要使用繁体，可将“gb2312”书写为“big5”。

在 XML 文档的实际书写中可以见到不同的编码方式，如下所示：

```
encoding = "gb2312"
encoding = "UTF-8"
encoding = "UTF-16"
```

它们都属于 Unicode 国际编码标准，可以用浏览器解析运行。

2. 处理指令

除此之外，在 XML 文档的声明部分还可以加入更多的指令，例如：

```
<?xml version = "1.0" encoding = "gb2312" standalone = "yes" ?>
<?xml - stylesheet type = "text/css" herf = "1.css" ?>
```

其中 standalone = "yes" 表示该文档调用了外部文件 DTD，standalone = " no" 则表示该文档是一个独立的 XML 文档。

<?xml - stylesheet type = "text/css" herf = "1.css" ?>表示该文档调用了外部的样式表文件，该文件名称为“1.css”。

3. 注释部分

XML 中注释部分用于对相关语句进行说明与解释，带有适量注释的 XML 文档有利于阅读与修改。

注释语句语法如下：

```
<!--内容-->
```

如例 2-1 中的注释：

```
<!--以下是图书的文档-->
```

值得注意的是：

- 注释语句不得出现在 XML 文档的声明语句之前。
- 注释语句不得出现在 XML 文档的标记语句之中。
- 注释语句不得能嵌套。
- 注释语句在浏览器中显示时是灰色字体。

2.2 XML 语言书写规范与命名规则

2.2.1 XML 语言书写规范

在 XML 文档中创建自定义的标记时，语法较简单，仅需要以< >开始，以</ >结束，在两个括号中间写上该标记的数据内容即表示一个非空元素，如<姓名>张红</姓名>。

此外，还可以书写空元素，指在开始标记和结束标记间没有数据内容的元素，如：

```
<姓名></姓名>,<姓名 学号=""/>
```

也可以将空元素标记简写成<姓名/>，表示该标记内容为空。

想一想：HTML 标记和 XML 标记书写有什么异同？

2.2.2 XML 语言命名规则

在为 XML 文档中的标记命名时需要遵循以下规范：

- 元素名可以使用 Unicode 字符集中的任意字母，但是必须以字母或下画线开头。
- 名字区分大小写，并且前后命名必须一致。
- 名字不能包含空格。
- 后缀字符可以是连接符或者数字。
- 所有以 XML 开头的名字都不能出现，无论大小写。

如标记<水果></水果>、<Jso></Jso>、<XNa></XNa>、<_任务></_任务>等都是可识别的命名标记。

练一练：在下列 XML 文档中，命名出现了什么问题，请指出并改正。

```
<?xml version = "1.0" encoding = "gb2312"?>
<-四大名著>
  <1 三国演义>
    <作 者>罗贯中</作者>
    <主要内容>描述东汉末年的三国割据</主要内容>
  </1 三国演义>
  <2 西游记>
    <作 者>吴承恩</作者>
    <主要内容>描述唐僧师徒取经的故事</主要内容>
  </2 西游记>
  <3 红楼梦>
    <作 者>曹雪芹</作者>
    <主要内容>描述贾宝玉与林黛玉的悲惨爱情和整个大家族的起起落落的故事</主要
内容>
  </3 红楼梦>
  <4 水浒传>
    <作 者>施耐庵</作者>
    <主要内容>描述梁山英雄的故事</主要内容>
  </4 水浒传>
</-四大名著>
```

2.3 创建 XML 文档

2.3.1 元素

在写完了序言部分之后就是创建 XML 文档中的所有元标记。首先是创建根元素，一个 XML 文档中只能有一个根元素，根元素记录文档的主要信息。在根元素下面是遵循相同命名规范的其他子元素，也可以包含属性。

在例 2-1 中，根元素是<四大名著>，其中包含四个子元素，分别是<三国演义>、<西游记>、<红楼梦>和<水浒传>。

子元素下还可以继续添加子元素，从而体现 XML 文档可扩展标记的特点。

值得注意的是，在 XML 文档中，非根元素可以继续嵌套子元素，形成父子关系，但是标记的书写必须正确封闭。如下所示：

元素和属性的书写

```
<学校>
<年级>
<班级></班级>
```

```
    </年级>
</学校>
```

不能出现标记的交叉现象，如下所示：

```
<学校>
<年级>
<班级></班级>
</学校>
</年级>
```

练一练：在下列 XML 文档中，请指出根元素和子元素。

```
<?xml version = "1.0" encoding = "gb2312"?>
<class id = "101" des = "一年级一班">
   <student id = "10101">
      <mark type = "语文">90</mark>
      <mark type = "数学">90</mark>
      <mark type = "外语">95</mark>
   </student>
   <student id = "10102">
      <mark type = "语文">88</mark>
      <mark type = "数学">87</mark>
      <mark type = "外语">90</mark>
   </student>
   <student id = "10103">
      <mark type = "语文">86</mark>
      <mark type = "数学">89</mark>
      <mark type = "外语">98</mark>
   </student>
   <student id = "10104">
      <mark type = "语文">88</mark>
      <mark type = "数学">92</mark>
      <mark type = "外语">88</mark>
   </student>
   <student id = "10105">
      <mark type = "语文">89</mark>
      <mark type = "数学">97</mark>
      <mark type = "外语">96</mark>
   </student>
</class>
```

2.3.2 属性

1. 属性的声明

属性是 XML 文档的重要组成部分，它用于在元素中提供额外的信息，一个元素可以定义一个或多个属性，也可以不定义属性。

如在 <student id = "10101" >语句中，id = "10101" 即使用了属性，表示该学生的学号。在 <mark type = "语文" student = "张红" >语句中定义了两个属性，分别描述课程的名称和上课的学生姓名。

在 XML 中设置属性时的注意事项如下：

- XML 属性值必须加引号。

在设置 XML 属性值时，属性值必须使用引号（单引号或者双引号）括起来。比如一个人的性别，person 标签可以这样写：

```
<person sex = "female" >或
<person sex ='female' >
```

- 如果属性值本身包含双引号，那么有必要使用单引号包围它。

```
<site info ='wo" you" xian. net' >
```

- 如果属性值本身包含单引号，那么有必要使用双引号包围它。

```
<site info = " wo'you'xian. net" >
```

- 在同一个元素中不能出现同名的属性，如：

```
<学生 学号 = "001" 学号 = "002" >
```

该声明语句是不允许出现的。

2. XML 元素和属性的转换

XML 没有硬性规定说哪些数据应该使用元素，哪些数据应该使用属性，比如以下这两种写法都是对的。

第一种写法，使用属性：

```
<site name = " woyouxian. net" >
```

第二种写法，使用元素：

```
<site >
    <name > woyouxian. net </name >
</site >
```

开发者可以根据自己的爱好灵活选用元素和属性的书写方式。

如下 XML 文档：

```
<?xml version = "1.0" encoding = " gb2312" ? >
<王丽 >
<电话 >023 -67667818 </电话 >
<地址 >重庆市江北区红石路 255 号 </地址 >
</王丽 >
```

将文档中的元素写成属性表示如下：

```
<?xml version="1.0" encoding="gb2312"?>
<王丽 电话="023-67667818" 地址="重庆市江北区红石路255号">
</王丽>
```

练一练：请将下例中的 sex 属性用元素来表示。

```
<person sex="female">
    <firstname>Anna</firstname>
    <lastname>Lucy</lastname>
    <lastname>Leslie</lastname>
</person>
```

2.3.3 特殊字符与 CDATA 区域

一般来说，在 XML 文档中不能出现特殊字符，例如“<”“>”“&”和引号，这些内容在解析时会报错，原因是在 XML 元素中，这些特殊字符是非法的。在一些特定情况下，如果文档中不可避免地要注入这些特殊字符，处理方式有以下两种。

1. 使用 XML 实体引用

如果在 XML 文档中使用特殊字符，解析器将会出现错误，因为解析器会认为这是一个新元素的开始。例如：

```
<message>if salary<1000 then</message>
```

为了避免出现这种情况，必须将字符“<”转换成实体，方式如下：

```
<message>if salary &lt; 1000 then</message>
```

对于一些单个特殊字符，如果想显示其原始样式，可以使用转义的形式予以处理，表 2-1 中是 5 个在 XML 文档中预定义好的实体。

表 2-1 XML 实体列表

实 体	符 号	含 义
<	<	小于号
>	>	大于号
&	&	和
'	'	单引号
"	"	双引号

想一想：如果想在 XML 里表示这样的一串字符应该如何表示。

```
Tom&Jerry
```

练一练：将下列的代码用 XML 转义表示。

```
if x>3 then x=a;
if y<5 then y=b;
if a>b then max=a;
```

2. 使用<![CDATA[]]>区域

如果在XML文本中有大量的特殊字符时，使用实体引用会变得相当麻烦。为了方便阅读，一般使用CDATA区域来解决上述问题。CDATA指的是不应由XML解析器进行解析的文本数据（Unparsed Character Data），CDATA内的所有内容都会被解析器忽略。一个CDATA部件以“<![CDATA[“标记开始，以"]]>”标记结束，例如：

```
<![CDATA[
  function matchwo(a,b)
  {
    if (a<b && a<0) then
    {
       return 1
    }
    Else
    {
       return 0
    }
]]>
```

例2-2 一个包含CDATA区域的XML文档示例。

```
<?xml version="1.0" encoding="utf-8" ?>
<root>
<![CDATA[
  function matchwo(a,b)
  {
    if (a<b && a<0) then
      {
        return 1
      }
      Else
      {
        return 0
      }
  }
  ]]>
  </root>
```

在前面的例子中，所有在CDATA区域之间的文本都会被解析器忽略。

CDATA注意事项：

- CDATA部件之间不能再包含CDATA部件（不能嵌套）。
- 在字符串“]]>”之间没有空格或者换行符。

练一练：将以下代码写在CDATA区域中并运行显示。

```
var iFirst = 3;
var iSecond = 4;
var result = 0;
if ( iFirst > iSecond )
     result = iFirst - iSecond;
if ( iFirst < iSecond )
     result = iFirst * iSecond;
else
     result = iFirst & iSecond;
alert(" <br> ");
```

2.3.4 XML 书写示例

遵循以下语法规则的 XML 文档称为格式正规的 XML 文档。

1）第一行为 XML 声明语句；

2）必须有且只有一个根元素；

3）标记大小写敏感；

4）属性值用引号；

5）标记成对；

6）空标记关闭；

7）元素正确嵌套。

一个书写比较规范的代码如下：

```
<?xml version = "1.0" encoding = "gb2312" ?>
<通讯录>
   <!-- "记录"标记中可以包含姓名、地址、电话和电子邮件   -->
   <记录 date = "2017/3/9">
      <姓名>李军</姓名>
      <地址>重庆市江北区红石路 36 号</地址>
      <电话>023 - 12345678</电话>
      <电子邮件>evan@tom.com</电子邮件>
   </记录>
  <记录 date = "2017/3/10">
      <姓名>赵慧</姓名>
      <地址>黑龙江省哈尔滨市工农大道 2 号</地址>
      <电话>0451 - 83365354</电话>
<电子邮件>zhao123@163.com</电子邮件>
   </记录>
   <记录 date = "2017/3/10">
      <姓名>江阳</姓名>
      <地址>吉林省长春市幸福路 6 号</地址>
      <电话>0431 - 8365257</电话>
      <电子邮件>yanyang@sina.com</电子邮件>
```

```
    </记录>
</通讯录>
```

练一练：请书写一个 XML 文档“学生信息”，每个学生信息包含姓名、性别、学号、班级、电话，不少于 3 条录。

2.4 名称空间

2.4.1 需要名称空间的原因

名称空间的使用

XML 本身是可扩展的，而这种扩展不会手动限制，因此，在一个较复杂的 XML 文档中，很容易出现两个或多个具有相同名称但又不同指向的元素。特别是将多个 XML 文档进行组合的时候，这一现象更加明显。

在介绍名称空间之前，先看下面这个例子。

```
<?xml version = "1.0" encoding = "gb2312"?>
<bookinfo>
<title>南怀瑾选集</title>
<author>南怀瑾</author>
<chapter>
<title>第十一卷:《原本大学微言》</title>
</chapter>
</bookinfo>
```

在这个例子中可以清楚地看到其中出现了两个 title 标记，“<title>南怀瑾选集</title>”和“<title>第十一卷:《原本大学微言》</title>”。

在具体的含义上，第一个<title>表示的是选集名，第二个<title>表示的是书中某一卷。当程序遇到这种既相同但又不同含义的标记时，该作何处理？这也就产生了命名冲突的问题。当然，也可以改标记名，比如把第二个标记 title 改成另外的名字，这也是可行的办法。但是当文档变得复杂，有多个 DTD 的时候，就需要彻底解决这个问题。为此，需要使用名称空间，W3C 在 1999 年 1 月颁布了名称空间（NameSpace）标准。该标准对名称空间的定义：XML 名称空间提供了一套简单的方法，将 XML 文档和 URI 引用标识的名称相结合来限定其中的元素和属性名。由此可知，它通过使用 URI 解决了 XML 文档中标记重名的问题，从而确保任何一篇 XML 文档中使用的名字都是全球范围内独一无二的。

2.4.2 声明名称空间的方法

1. 名称空间的定义

名称空间的声明是通过关键字“xmlns”来实现的，格式如下：

```
xmlns:名称空间前缀 = 名称空间名
```

或

```
xmlns = 名称空间名
```

例如，<h:table xmlns:h = "http://www.w3.org/TR/html4/">或<h:table xmlns = "http://www.w3.org/TR/html4/">都是合法的名称空间的声明。

在属性“xmlns：名称空间前缀”中，xmlns类似于一个保留字，它只用于声明命名空间。换言之，xmlns用于绑定命名空间，但其本身并不绑定到任何命名空间。因此，以上示例实际上是将“名称空间前缀”与命名空间“http://www.w3.org/TR/html4/”绑定在一起。

通常将XSD或XS用作XML模式命名空间的前缀，但具体使用什么前缀完全取决于个人。可以选择将前缀ABC用于XML模式命名空间，这是合法的，但没有什么意义。使用有意义的命名空间前缀增强了XML文档的清晰性。请注意，前缀只用作占位符，并且必须通过可以识别命名空间的XML分析器进行解释才能使用绑定到该前缀的实际命名空间。

尽管命名空间通常看上去像URL，但这并不意味着实际声明和使用命名空间时一定要连接到互联网上。实际上，通常将命名空间用作可以在互联网空间中共享词汇和不显示内容的虚拟“容器”。在互联网中，URL是唯一的，因此，用域名来代替名字空间，这样可以避免名字空间命名的冲突。在浏览器中键入命名空间URL并不意味着它将显示该命名空间中的所有元素和属性，它只是一个概念。

名称空间的声明注意：

- 双引号内必须是一个URI；
- XML区分大小写，前缀名也不例外；
- 名称空间的前缀不得以“XML”3个字母开头（大小写都不行）；
- 前缀名建议采用英文缩写，也可以用中文（但不推荐用中文）；
- 尽量避免同名前缀却对应不同URI的名称空间的情况，它将容易误导用户；
- 尽量在根元素中声明所有的名称空间；
- 如果一个属性所在的元素属于某显式声明的名称空间，一般就不需要为该属性添加前缀。

2. 默认名称空间

如果为一个文档中的所有元素都指定名称空间会很麻烦，为了减少工作量，可以使用默认名称空间。如果一个元素未指定具体的名称空间，则它隶属于默认名称空间，默认名称空间语法如下：

```
xmlns = 名称空间名
```

例如，将“XML基础入门”设为默认名称空间，名称前面可不加前缀。将“XML高级编程”用命名空间表示。

```
<? xml version = "1.0" encoding = "utf-8"?>
<books xmlns = "http://www.itzcn.com"
  xmlns:subject = "http://www.demo.com">
    <subject:book bookname = "XML 高级编程">
    <subject:description>讲述 XML 程序开发的高级知识</subject:description>
    </subject:book>
    <book bookname = "XML 基础入门">
```

```
    <description>讲述 XML 编程基础知识</description>
  </book>
</books>
```

2.4.3 名称空间的使用

例 2-3 一个通过引入名称空间从而解决命名冲突的 XML 文档示例。

```
<?xml version = "1.0" encoding = "gb2312" ?>
<bookinfo xmlns:info = "http://www.ebook.com" xmlns:chap = "http://www.book.com" >
    <info:title>南怀瑾选集</info:title>
    <info:author>南怀瑾</info:author>
    <chap:title>第十一卷:《原本大学微言》</chap:title>
    </chapter>
</bookinfo>
```

通过声明 info: title 和 chap: title 这两个不同的名称空间，就能够很好地区别究竟哪个是选集名，哪个是某一卷的名称。

想一想：指出以下 XML 文档代码段中有什么错误？

```
<q:payment xmlns:p = "http://www.abc.com" >
<q:employee>张三</q:employee>
<q:desprition>李四</q:desprition>
<q:total>200.00</q:total>
</q:payment>
```

练一练：有两个 XML 文档，其中第一个写的是关于水果的信息。

```
<table>
<tr>
<td>桃子</td>
<td>苹果</td>
</tr>
</table>
```

第二个写的是关于家具的信息：

```
<table>
<name>家具</name>
<width>30</width>
</table>
```

现在要将这两个文档放到同一个文档中，试着用名称空间来解决其中标记同名的问题。

2.5 小结

XML 文档由两个部分构成：文档序文与文档根元素。文档序文部分以一个文档声明语句开头，包括 XML 的版本号、所使用的字符集、是否为独立文档等信息；文档根元素是一个可以包含多个嵌套子元素的顶层元素。

在书写 XML 文档时要遵循 XML 命名规范。

在 XML 文档中，所有的数据都被贴上标签封装成文档中的一个元素，整个文档就是由各个元素按照一定的逻辑结构组织而成的。

一个 XML 元素可以包含一个或多个属性，用来对该元素的特征做进一步的描述。

在 XML 文档中要使用一些特殊字符的时候，如“<”“>”“&”单引号、双引号等，要使用特定的 CDATA 区域来表示。

XML 规范提供了名称空间来解决同一个 XML 文档中使用相同标记名代表不同意义的元素所引起的命名冲突问题。

2.6 实训

1. 实训目的

通过本实训了解一个规范的 XML 文档结构，可以包含多种不同类型和不同层次的元素，掌握规范的 XML 文档的书写方式和运行方式。

2. 实训内容

1）书写一个 QQ 通讯录文档并运行。代码如下：

```
<?xml version = "1.0" encoding = "gb2312" ?>
<QQ 通讯录>
   <QQ 好友>
      <姓名>黄源</姓名>
      <昵称>没有烟总有花</昵称>
      <QQ 号>177511196</QQ 号>
   </QQ 好友>
   <QQ 好友>
      <姓名>叶芬</姓名>
      <昵称>美好的旋律</昵称>
      <QQ 号>532705936</QQ 号>
   </QQ 好友>
   <QQ 好友>
      <姓名>陈练</姓名>
      <昵称>水金心</昵称>
      <QQ 号>324404889</QQ 号>
   </QQ 好友>
</QQ 通讯录>
```

2）将以下 XML 文档的 class 和 student 的属性修改成为其子元素：

```
<?xml version = "1.0" encoding = "gb2312"?>
<class grade = "五年级一班" classroom = "0201" >
   <student id = "30101" >
```

```
            <mark type="语文">91</mark>
            <mark type="数学">98</mark>
            <mark type="英语">95</mark>
        </student>
        <student id="30102">
            <mark type="语文">68</mark>
            <mark type="数学">97</mark>
            <mark type="英语">90</mark>
        </student>
        <student id="30103">
            <mark type="语文">86</mark>
            <mark type="数学">89</mark>
            <mark type="英语">68</mark>
        </student>
        <student id="30104">
            <mark type="语文">88</mark>
            <mark type="数学">92</mark>
            <mark type="英语">78</mark>
        </student>
        <student id="30105">
            <mark type="语文">89</mark>
            <mark type="数学">96</mark>
            <mark type="英语">90</mark>
        </student>
    </class>
```

3）有两个 XML 文档，其中第一个写的是关于 IT 部门的信息，第二个写的是关于建筑部门的信息。代码如下：

```
<?xml version="1.0" encoding="GB2312" standalone="yes"?>
<资料>
    <设备 编号="联想 6515b">
        <生产商>联想集团</生产商>
        <地址>北京市中关村 127 号</地址>
    </设备>
</资料>

<?xml version="1.0" encoding="GB2312" standalone="yes" ?>
<资料>
    <设备 编号="中联 F001">
        <生产商>中联重科</生产商>
        <地址>湖南省长沙市新开铺 113 号</地址>
    </设备>
</资料>
```

如果这两个文档放到了一起，就会出现命名冲突的现象。因此，使用名称空间来解决。

```
<?xml version="1.0" encoding="GB2312" standalone="yes"?>
<资料 xmlns:IT="http://www.lenovo.com" xmlns:建筑="myURN:中联">
   <设备 IT:编号="联想 6515b" 建筑:编号="中联 F001">
       <IT:设备名>笔记本</IT:设备名>
       <IT:生产商>联想集团</IT:生产商>
       <IT:地址>北京市中关村 127 号</IT:地址>
       <建筑:设备名>起重机</建筑:设备名>
       <建筑:生产商>中联重科</建筑:生产商>
       <建筑:地址>湖南省长沙市新开铺 113 号</建筑:地址>
   </设备>
</资料>
```

4）编写一个病人去医院看病的 XML 电子文档。要求如下：

- 包含病人的基本信息，如姓名、性别、年龄等。
- 包含病情的基本情况。
- 包含处方的基本情况。
- 所有的标记自己定义。
- 文档书写完整有逻辑性。

提示：

```
<病历>
<基本信息>
<姓名>王大陆<姓名>
<身份证>510202197545052117<身份证>
<电话>023-67654512<电话>
<是否医保>是<是否医保>
</基本信息>
<病情描述>
<症状>发热,呕吐,浑身虚汗<症状>
<时间>今天凌晨<时间>
</病情描述>
<处方 id="00111">
<药品>
<药品编号>056005<药品编号>
<药品名称>九味羌活丸<药品名称>
<服用>口服<服用>
</药品>
<检查>
<检查编号>
<项目名称>查血<项目名称>
<检查医生>张明<检查医生>
<费用>30.00 元<费用>
```

```
</检查>
</处方>
</病历>
```

5）编写一个酒店管理系统的XML电子文档，该文档包含酒店信息和客房信息。酒店信息包含（酒店名称，星级，地址，电话等）。客房信息包含（客房编号，客房标准，客房单价，折扣等）。提示：

```
<酒店 名称 = "万豪大酒店" 星级 = "五星">
<地址>重庆大同路</地址>
<电话>023 - 63818345 </电话>
<客房信息>
<客房 编号 = "003">
<客房标准>单人间</客房标准>
<客房单价>580 元/晚</客房单价>
<折扣>8 折</折扣>
<客房介绍>单人间,配有早餐</客房介绍>
</客房>
<客房 编号 = "004">
<客房标准>双人间</客房标准>
<客房单价>800 元/晚</客房单价>
<折扣>5 折</折扣>
<客房介绍>豪华双人间,配有双人早餐</客房介绍>
</客房>
<客房 编号 = "005">
<客房标准>总统套房</客房标准>
<客房单价>3000 元/晚</客房单价>
<折扣>7 折</折扣>
<客房介绍>豪华总统间,24 小时服务</客房介绍>
</客房>
<客房信息>
</酒店>
```

2.7 习题

1. 选择题

1）如果需要在XML文件中显示简体中文，那么 encoding = (　　)。

A. GB2312　　B. BIG5　　C. UTF - 8　　D. UTF - 16

2）以下的标记名称中不合法的是（　　）。

A. < Book >　　B. < _Book >　　C. < :Book >　　D. < #Book >

3）实体引用符 ' 代表的是下列哪个特殊符号？(　　)

A. <　　B. >　　C. ‘　　D. “

4）下面关于 XML 属性的叙述正确的是（　　）。

A. 属性名称不区分大小写

B. 属性必须既有名称又有值

C. 属性可以出现在元素的开始标记、结束标记及空标记中

D. 属性值可以包含文本字符和标记字符

5）下列元素定义中正确的是（　　）。

A. <book></Book>　　B. <Book></book>

C. <book></book>　　D. <Book></bOOK>

2. 简答题

1）在 XML 声明语句中可以包含哪些内容？简述整个 XML 文档的结构。

2）在 XML 文档中，元素的书写、标记的使用应注意哪些方面？如何在文档中添加注释内容？

3）何为空元素？如何标注和使用空元素？

第3章　XML 文档类型定义

本章要点

- DTD 的基本结构
- DTD 的引用
- DTD 的书写方式
- 实体的定义及使用

3.1　DTD 的概念

3.1.1　DTD 简述

DTD 定义

XML 文档可用来存储和交换各种数据，当然，这样的文档不仅仅是具有良好格式的 XML 文档，还必须是有效的文档。所谓有效的文档是指具有比良好格式的 XML 文档更加严格的规范，能够对 XML 文档中的逻辑结构和组成标记进行深入的说明，并能通过验证。

可以把 DTD（文档类型定义）看成是某类 XML 文档的模板，它为所有使用者提供了一个必须遵循的规则，它描述了 XML 文档中的元素、元素的类型、元素的个数、元素的排列顺序、元素包含的属性以及属性对应的数据类型等。对于不同厂商、不同公司、不同用户开发的 XML 文档，如果没有这样的规则，那么 XML 文档的可读性将会变得很差。

如 A 公司和 B 公司都书写了一份 XML 文档，A 公司使用以下方式：

```
<?xml version = "1.0" encoding = "gb2312" ?>
<订单>
<名称><名称>
<单价><单价>
<数量><数量>
</订单>
```

而 B 公司则写成另外的方式：

```
<货物单>
<产品><产品>
<价格><价格>
<数量><数量>
</货物单>
```

很显然，两个公司开发的文档虽然都是格式良好的，但是由于在理解和书写上的不同，使得在最后的信息处理中会出现极大的麻烦。因此，在 XML 文档的书写中加入 DTD，实现一个行业的统一标准，使该文档很好地被识别和应用。

因此，一份 DTD 应该具有以下作用：

- 为同一类型的 XML 文档提供统一的格式标准。
- 设计者可以通过 XML 文档来书写对应的 DTD 格式，也可以通过 DTD 来书写相应的 XML 文档。
- 使用 DTD 来验证 XML 文档的有效性。

3.1.2 DTD 结构

DTD 的运行

在 DTD 文档中描述的是该文档对应的元素和属性的有序集合，它提供了对该文档结构和组成的更深入的理解，并对其存在的基本数据类型作出明确规定。

例 3-1 一个包含了 XML 文档及其对应的 DTD 示例。

```
<?xml version="1.0" encoding="gb2312"?>
<汽车展>
  <汽车 类型="运动型">
    <颜色>红色</颜色>
    <厂商>长安福特</厂商>
    <轮胎数量>4</轮胎数量>
    <价格>200000</价格>
  </汽车>
  <汽车 类型="豪华版">
    <颜色>白色</颜色>
    <厂商>沃尔沃</厂商>
    <轮胎数量>4</轮胎数量>
    <价格>400000</价格>
  </汽车>
</汽车展>
<!DOCTYPE 汽车展[
  <!ELEMENT 汽车展(汽车*)>
  <!ELEMENT 汽车(颜色,厂商,轮胎数量,价格)>
<!ATTLIST 汽车 类型 CDATA #REQUIRED>
  <!ELEMENT 颜色(#PCDATA)>
  <!ELEMENT 厂商(#PCDATA)>
  <!ELEMENT 轮胎数量(#PCDATA)>
  <!ELEMENT 价格(#PCDATA)>
]>
```

说明：

第一句 <!DOCTYPE 是 DTD 必须有的声明语句，它指明了 DTD 的定义，其中 DOC-

TYPE 必须要大写，表明这是一个文档类型定义。同时，在 <!DOCTYPE 语句之后的“汽车展”则给出了该文档对应的根元素。

第二句 <!ELEMENT 汽车展(汽车*)> 为元素类型声明语句，ELEMENT 表示声明的内容是元素，汽车展（汽车*）给出了在根元素“汽车展”下的唯一子元素“汽车”。“汽车”元素出现的个数不限，用“*”来描述。

第三句 <!ELEMENT 汽车(颜色,厂商,轮胎数量,价格)> 为元素类型声明语句，ELEMENT 表示声明的内容是元素，汽车（颜色，厂商，轮胎数量，价格）则给出了在元素“汽车”下的 4 个子元素，它们的书写顺序依次是“颜色”“厂商”“轮胎数量”和“价格”。

第四句 <!ATTLIST 汽车 类型 CDATA #REQUIRED> 为元素所含属性的声明语句，ATTLIST 指出声明内容为属性。“汽车 类型”语句表明属性“类型”属于“汽车元素”，CDATA 指出属性的数据类型为字符型，#REQUIRED 表示属性的附加值为“必须要出现”。

第五句 <!ELEMENT 颜色(#PCDATA)> 为元素的数据类型声明语句，颜色（#PCDATA）指出“颜色”元素的数据类型是字符数据，并且不能包含子元素和属性。

第六句 <!ELEMENT 厂商(#PCDATA)> 声明“厂商”元素的数据类型为字符数据。

第七句声明了“轮胎数量”，第八句声明了“价格”，都是字符类型。

值得注意的是，在语句“<!ELEMENT 汽车(颜色,厂商,轮胎数量,价格)”中，!ELEMENT 与“汽车”之间应该有空格符号。“汽车”与(颜色,厂商,轮胎数量,价格)之间也存在空格。

想一想：如果将上述的 DTD 对应的 XML 文档写成如下形式可以吗？

```
<?xml version = "1.0" encoding = "gb2312"?>
<汽车展>
  <汽车>
    <颜色>红色</颜色>
    <价格>200000</座位数量>
    <厂商>长安福特</车门数量>
    <轮胎数量>4</轮胎数量>
    </汽车>
    <汽车>
      <颜色>白色</颜色>
      <轮胎数量>4</轮胎数量>
      <厂商>沃尔沃</车门数量>
      <价格>400000</座位数量>
    </汽车>
</汽车展>
```

将例 3-1 的 XML 文档和 DTD 写在一个 XML 文档中，使用下列的方式，这是内部 DTD 的应用。

```
<?xml version = "1.0" encoding = "gb2312" ?>
<!DOCTYPE 汽车展[
  <!ELEMENT 汽车展(汽车*)>
```

```
<!ELEMENT 汽车(颜色,厂商,轮胎数量,价格)>
<!ATTLIST 汽车 类型 CDATA #REQUIRED>
<!ELEMENT 颜色(#PCDATA)>
<!ELEMENT 厂商(#PCDATA)>
<!ELEMENT 轮胎数量(#PCDATA)>
<!ELEMENT 价格(#PCDATA)>
]>
  <汽车展>
<汽车 类型="运动型">
    <颜色>红色</颜色>
    <厂商>长安福特</厂商>
    <轮胎数量>4</轮胎数量>
    <价格>200000</价格>
  </汽车>
  <汽车  类型="豪华版">
    <颜色>白色</颜色>
    <厂商>沃尔沃</厂商>
    <轮胎数量>4</轮胎数量>
    <价格>400000</价格>
  </汽车>
  </汽车展>
```

在浏览器中打开，如图 3-1 所示。

```
<?xml version="1.0" encoding="gb2312" ?>
<!DOCTYPE 汽车展 (View Source for full doctype...)>
- <汽车展>
  - <汽车 类型="运动型">
      <颜色>红色</颜色>
      <厂商>长安福特</厂商>
      <轮胎数量>4</轮胎数量>
      <价格>200000</价格>
    </汽车>
  - <汽车 类型="豪华版">
      <颜色>白色</颜色>
      <厂商>沃尔沃</厂商>
      <轮胎数量>4</轮胎数量>
      <价格>400000</价格>
    </汽车>
</汽车展>
```

图 3-1 DTD 验证的 XML 文档

练一练： 为下面的 XML 文档书写正确的 DTD。

```
<记事本>
<收邮件人>小明</收邮件人>
<寄邮件人>李雷</寄邮件人>
<标题>约会</标题>
<正文>这周末来我家玩,不要忘记了!</正文>
</记事本>
```

提示：

```
<!DOCTYPE 记事本[
  <!ELEMENT 记事本(收邮件人,寄邮件人,标题,正文)>
  <!ELEMENT 收邮件人(#PCDATA)>
  <!ELEMENT 寄邮件人(#PCDATA)>
  <!ELEMENT 标题(#PCDATA)>
  <!ELEMENT 正文(#PCDATA)>
]>
```

3.2　DTD的类型与引用

DTD的类型与引用

DTD有两种类型：内部DTD和外部DTD。内部DTD是在XML文档中直接创建的DTD，如例3-1。外部DTD是一个独立的DTD文档，它可被不同的XML所调用，一般来讲外部DTD使用方式更灵活，功能更强大。

3.2.1　内部DTD的定义与引用

内部DTD的书写方式是把对XML的元素、属性的声明语句写在XML文档中，引用DTD的验证方式如下：

```
<!DOCTYPE 根元素[
  主体,对XML中出现的元素和属性的声明
]>
```

在书写中，"<!DOCTYPE"表示DTD的开始，"<!DOCTYPE 根元素["应当放在XML的声明语句之下，根元素即为XML文档中的根标记名称，如例3-1中的"汽车展"。对元素和属性的声明语句应按照严格的语法定义书写，如<!ELEMENT 汽车(颜色,厂商,轮胎数量,价格)>。

值得注意的是：在语法上，"<"和"!"之间不能有空格；"]"和">"之间不能有空格。

例3-2　内部引用DTD示例。

```
<?xml version="1.0" encoding="gb2312" ?>
<!DOCTYPE note[
<!ELEMENT note(to,from,title,body)>
<!ELEMENT to(#PCDATA)>
<!ELEMENT from(#PCDATA)>
<!ELEMENT title(#PCDATA)>
<!ELEMENT body(#PCDATA)>
]>
<note>
<to>Lily</to>
```

```
<from>Tom</from>
<title>Reminder</title>
<body>Don't forget call me tonight</body>
</note>
```

3.2.2 外部 DTD 的定义与引用

内部 DTD 的内容只能针对一个 XML 文档，虽然简单方便但是功能有限，而且会增加 XML 文档的大小。若要多个公司或者企业实现 XML 数据的信息共享，最好的办法是使用外部 DTD。

外部 DTD 是一个独立的文档，使用 *.dtd 后缀名来保存格式，通过 XML 引用来实现其功能。根据外部 DTD 的性质可以分为私有 DTD 文档和公共 DTD 文档两种不同标准。私有 DTD 文档是未公开发布的，一般是个人或公司的内部 DTD 文档；公共 DTD 文档是国际组织为某一行业公开制定的 DTD 标准。

1. 外部 DTD 的创建

外部 DTD 的书写语法和内部 DTD 是完全一样的。如将例 3-1 的内部 DTD 改写为外部 DTD，可表示如下：

```
<?xml version="1.0" encoding="gb2312"?>
  <!ELEMENT 汽车展(汽车*)>
  <!ELEMENT 汽车(颜色,厂商,轮胎数量,价格)>
  <!ELEMENT 颜色(#PCDATA)>
  <!ELEMENT 厂商(#PCDATA)>
  <!ELEMENT 轮胎数量(#PCDATA)>
  <!ELEMENT 价格(#PCDATA)>
]>
```

两种书写方式的差别在于：

- 外部 DTD 需要在一开始写上 <?xml version="1.0" encoding="gb2312"?>语句，表示该 DTD 用于 XML 文档。
- 外部 DTD 可直接书写根元素，省略了“<!DOCTYPE 汽车展[”这一句。

2. 外部 DTD 的引用

1）引用私有 DTD 的语法格式：

```
<!DOCTYPE name SYSTEM "name.dtd">
```

其中：

- name 表示 XML 文档的根元素。
- SYSTEM 为关键字，表示该 DTD 文档为私有，注意：SYSTEM 关键字必须要大写。
- "name.dtd"表示指向该文档位置的 URL 引用。

例 3-3 引用外部私有 DTD 示例。

```
<?xml version="1.0" encoding="gb2312"?>
<!DOCTYPE 列车时刻表 SYSTEM "car.dtd">
```

```
<列车时刻表>
  <车次>
  <始发站点>重庆站</始发站点>
  <终点站点>成都站</终点站点>
  </车次>
</列车时刻表>
```

对应的 DTD 文档 car. dtd 内容如下：

```
<?xml version = "1.0" encoding = "gb2312" ?>
<!ELEMENT 列车时刻表(车次*)>
<!ELEMENT 车次(始发站点,终点站点)>
<!ELEMENT 始发站点(#PCDATA)>
<!ELEMENT 终点站点(#PCDATA)>
```

在浏览器中运行，如图 3-2 所示。

```
<?xml version="1.0" encoding="gb2312" ?>
<!DOCTYPE 列车时刻表 (View Source for full doctype...)>
- <列车时刻表>
- <车次>
    <始发站点>重庆站</始发站点>
    <终点站点>成都站</终点站点>
  </车次>
</列车时刻表>
```

图 3-2 外部 DTD 验证的 XML 文档

2）引用公共 DTD 的语法格式：

```
<!DOCTYPE name PUBLIC "公共标识名" "name. dtd">
```

其中：

- name 表示 XML 文档的根元素；
- PUBLIC 为关键字，表示该 DTD 文档为公共，注意：PUBLIC 关键字必须要大写；
- 公共标识名中要包含该 DTD 的 4 种信息，依次为发布者信息、拥有者信息、主要内容和所使用的语言。

格式：

```
-//owner//class des//language//version
```

- "name. dtd"表示指向该文档位置的 URL 引用。

例 3-4 引用外部公共 DTD 示例。

```
<?xml version = "1.0" encoding = "GB2312" standalone = "no"?>
<!DOCTYPE 图书信息 PUBLIC "-//HY//book//TS" "book. dtd">
<图书信息>
  <学院 院名 = "软件学院">
  <书名>C 语言</书名>
  <出版社>清华大学出版社</出版社>
  <主编>谭浩强</主编>
```

```
<定价>32.80</定价>
<数量>100</数量>
</学院>
</图书信息>
```

对应的 DTD 文档 book.dtd 内容如下：

```
<?xml version="1.0" encoding="GB2312"?>
<!ELEMENT 书名(#PCDATA)>
<!ELEMENT 出版社(#PCDATA)>
<!ELEMENT 主编(#PCDATA)>
<!ELEMENT 定价(#PCDATA)>
<!ELEMENT 数量(#PCDATA)>
<!ATTLIST 学院 院名 CDATA #REQUIRED>
<!ELEMENT 学院(书名,出版社,主编,定价,数量)*>
<!ELEMENT 图书信息(学院)>
```

3.3 DTD 对元素的声明

DTD 对元素的声明

一份有效的 XML 文档中使用的每一种元素都必须事先在 DTD 中进行声明，声明的内容包含声明元素的名称、元素出现的次数、元素出现的顺序、元素间的关系、元素的数据类型以及元素拥有的属性的声明等。其中，元素的声明是最主要的书写内容。

3.3.1 DTD 的元素声明语法

在 DTD 中定义元素声明的基本语法如下：

```
<!ELEMENT 元素名 元素内容的定义>
```

其中：

- <!ELEMENT 表示元素声明语句的开始，ELEMENT 必须要大写。
- 元素名称指出现在 XML 文档中的标记名。
- 元素内容的定义用来描述元素包含的数据类型。如 <!ELEMENT 始发站点(#PCDATA)>表示“始发站点”元素的数据类型为字符类型，不能包含子元素和属性。

例 3-5 对 XML 文档的元素声明 DTD 示例。

```
<?xml version="1.0" encoding="gb2312" ?>
<!DOCTYPE 电器 [
<!ELEMENT 电器(电脑*,电视*)>
<!ELEMENT 电脑(品牌,价格)>
<!ELEMENT 电视(#PCDATA)>
<!ELEMENT 品牌(#PCDATA)>
<!ELEMENT 价格(#PCDATA)>
]>
```

```
<电器>
  <电脑>
  <品牌>联想</品牌>
  <价格>3500</价格>
  </电脑>
  <电视>TCL</电视>
  <电视>海尔</电视>
  </电器>
```

该文档包含一个根元素“电器”,“电器”下又包含两个子元素，即“电脑”和“电视”。

使用“ * ”表示该元素可出现任意次，对“品牌”“价格”和“电视”的描述表示该元素是一个字符数据类型，不能包含子元素和属性。

在浏览器中运行，如图 3-3 所示。

```
<?xml version="1.0" encoding="gb2312" ?>
<!DOCTYPE 电器 (View Source for full doctype...)>
- <电器>
  - <电脑>
      <品牌>联想</品牌>
      <价格>3500</价格>
    </电脑>
    <电视>TCL</电视>
    <电视>海尔</电视>
  </电器>
```

图 3-3　DTD 验证的 XML 文档

想一想：对例 3-5 的 DTD 定义，可以这样写 XML 文档吗？

```
<电器>
<电脑>
<品牌 编号="3001">联想</品牌>
<价格>3400</价格>
</电脑>
<电视>长虹</电视>
</电器>
```

3.3.2　DTD 的元素声明类型

下面对 DTD 中出现的各种元素的声明进行具体的语句说明。

1. 基本字符数据类型的声明

XML 文档中的基本字符是指仅包含字符数据，不包含子元素和属性的元素。在对应的 DTD 中声明语句如下：

```
<!ELEMENT 元素名(#PCDATA)>
```

例如：

```
<!ELEMENT 书本(#PCDATA)>
<!ELEMENT 姓名(#PCDATA)>
<!ELEMENT 性别(#PCDATA)>
```

值得注意的是书写#PCDATA 时，“#”是不可缺少的。

想一想：在下面这个 XML 文档中，“书本”元素类型可以写成 #PCDATA 吗？“文具”元素可以写成 #PCDATA 吗？“书名”元素可以写成 #PCDATA 吗？

```
<书包>
<书本>
<书名>大学语文</书名>
<出版社>高等教育出版社</出版社>
</书本>
<文具>钢笔</文具>
</书包>
```

2. 子元素类型的声明

DDT 子元素的书写

(1) 顺序书写子元素

在 XML 文档中，当元素包含子元素，需要对该元素的类型进行声明。在声明中指出其包含的子元素名称、子元素出现顺序及子元素的个数等。语法如下：

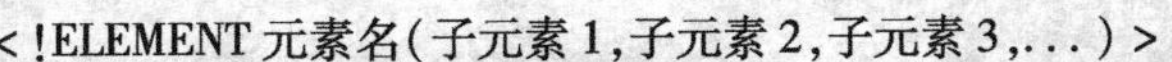

```
<!ELEMENT 元素名(子元素1,子元素2,子元素3,...)>
```

在 XML 文档中出现的子元素将严格按照此 DTD 来书写，不能有顺序的变化。如<!ELEMENT 书本(书名,出版社)>，规定了在“书本”元素中，它所包含的两个子元素依次为“书名”和“出版社”。

想一想：对例 3-5 的 DTD 定义，可以这样写 XML 文档吗？

```
<电器>
<电脑>
<价格>3500</价格>
<品牌>联想</品牌>
</电脑>
<电视>TCL</电视>
<电视>海尔</电视>
</电器>
```

(2) 选择性子元素

在 XML 文档中，当子元素必须在多个子元素中选定一个时，要使用选择性子元素声明，声明语句如下：

```
<! ELEMENT 元素名(子元素|子元素|子元素3,...)>
```

在 XML 文档中使用子元素的选择类型时，用“|”隔开相邻的子元素。例如<! ELEMENT 交通灯 (红灯|绿灯)>，声明了一个元素“交通灯”，该元素只能包含子元素“红灯”或“绿灯”。写成 XML 文档如下：

```
<交通灯>红灯</交通灯>
<交通灯>绿灯</交通灯>
```

但不能写成：

```
<交通灯>黄灯</交通灯>
```

想一想：对上述选择性子元素的 DTD 定义，要选择“黄灯”应该怎么写？

练一练：小红家要上网，她想在中国电信、联通和长城宽带中选一个服务商，请写出对应的 DTD 文档。

3. 空元素类型的声明

空元素是指该元素只能是一个独立存在的标记，不能有任何内容，声明语句如下：

```
<!ELEMENT 元素名 EMPTY>
```

EMPTY 表示该元素为空，值得注意的是空元素可以包含属性。例如 <!ELEMENT 动物 EMPTY>，对应的 XML 文档如下：

```
<动物园>
  <动物 名称="狗熊"/>
</动物园>
```

但是不能写成：

```
<动物园>
  <动物>狗熊</动物>
</动物园>
```

想一想：<date year="2016" month="12" day="12"/>是空元素吗？

4. 任意内容的声明

在 XML 文档中，如果一个元素可以包含任意类型，如 EMPTY、#PCDATA、子元素类型和组合类型。那么可以用 ANY 来进行描述，语句如下：

```
<!ELEMENT 元素名 ANY>
```

例如：

```
<!ELEMENT 学校 ANY>
```

在这个 DTD 定义下，“学校”元素声明为“ANY”类型，它可以包含任意声明过的元素。如：

```
<学校>
<老师>王明</老师>
<学生>夏飞</学生>
<学生>杨杨</学生>
</学校>
```

或者：

```
<学校 名称="一中"/>
```

想一想：声明语句 <! ELEMENT 图书 ANY>，那么<图书 类型="文学"/>是正确的吗？声明语句 <! ELEMENT 图书 ANY>，那么<图书>XML 基础教程</图书>是正确的吗？

练一练：声明语句<! ELEMENT 汽车 ANY>，请写出符合规范的 XML 文档。

5. 顺序和选择的组合元素

在 XML 中可以出现复杂的组合方式，如将顺序结构和选择结构相结合的书写方式。例如<! ELEMENT 定位(GPS|(国家,地区))>，该例声明了元素"定位"，它包含一个<GPS>元素，或者是<国家>和<地区>两个元素的顺序组合，但是只能是两者取其一。书写成 XML 文档如下：

```
<定位>
<GPS>中国重庆江北区</GPS>
</定位>
```

6. 混合型元素的声明

混合型元素是指该元素既可以包含字符数据，也可以包含子元素，甚至还允许不包含任何内容的元素，声明语法如下：

```
<! ELEMENT 元素名 (#PCDATA|子元素1|子元素2...)*>
```

值得注意的是：

- 当混合元素中还包含元素内容时，必须将#PCDATA 放在子元素列表的第一个位置，并将每个子元素放在"#PCDATA"之后。
- 元素之间使用|分隔符。
- 在元素名后面用()括起来。
- 在括号外面加上"*"。
- 括号外面的*号表示元素可以出现任意次。

例如<! ELEMENT 汽车 (#PCDATA|产地|排量|单价)*>，该声明定义了一个元素"汽车"，该元素既可以包含字符类型，也可以包含任意个子元素"产地""排量"和"单价"。书写成 XML 文档如下：

```
<汽车>
<产地>中国</产地>
<排量>2.0</排量>
</汽车>
```

或者：

```
<汽车>
<产地>中国</产地>
<排量>2.0</排量>
<单价>180000</单价>
</汽车>
```

或者：

<汽车>
福特福克斯
<产地>中国</产地>
<排量>2.0</排量>
<单价>180000</单价>
</汽车>

想一想：声明语句<！ELEMENT 图书（#PCDATA｜作者｜出版社｜单价）*>，怎么书写对应的XML文档？声明语句 <！ELEMENT 球星（#PCDATA｜姓名｜国籍｜俱乐部）*>，下面的XML书写正确吗？

<球星>拉莫斯</球星>

7. 控制元素次数的声明

当一个XML文档中子元素出现的次数非常灵活的时候，一般可以通过使用符号来控制其出现的次数，各符号的含义如表3-1所示。

表3-1 符号控制元素的次数

符　　号	含　　义
无符号	元素只能出现一次
?	元素出现0～1次
+	元素出现1～n次
*	元素出现任意次

说明如下：

1）<！ELEMENT 图书列表(图书)>，该声明表示“图书”元素必须出现而且只能出现一次。例如：

<图书列表>
<图书>三国演义</图书>
</图书列表>

2）<！ELEMENT 图书列表(图书?)>，该声明表示“图书”元素可以不出现或者出现一次。

例如：

<图书列表>
<图书>三国演义</图书>
</图书列表>

或者：

<图书列表>
</图书列表>

3）<! ELEMENT 图书列表(图书+)>，该声明表示“图书”元素必须出现一次以上。例如：

```
<图书列表>
  <图书>三国演义</图书>
</图书列表>
```

或者：

```
<图书列表>
<图书>三国演义</图书>
<图书>红楼梦</图书>
<图书>西游记</图书>
</图书列表>
```

4）<! ELEMENT 图书列表(图书*)>，该声明表示“图书”元素可以出现任意次。例如：

```
<图书列表>
  <图书>三国演义</图书>
</图书列表>
```

或者：

```
<图书列表>
<图书>三国演义</图书>
<图书>红楼梦</图书>
<图书>西游记</图书>
</图书列表>
```

或者：

```
<图书列表>
</图书列表>
```

值得注意的是，在 DTD 中声明：<! ELEMENT 电影(电影名|导演|男主演|女主演)+> 表示在“电影”元素中，包含一个或多个指定的子元素，顺序不限。写成 XML 文档如下：

```
<电影>
  <电影名>我不是潘金莲</电影名>
  <导演>冯小刚</导演>
  <男主演>郭涛</男主演>
  <女主演>范冰冰</女主演>
</电影>
```

或者：

```
<电影>
```

```
    <导演>冯小刚</导演>
      <电影名>我不是潘金莲</电影名>
      <女主演>范冰冰</女主演>
      <男主演>郭涛</男主演>
    </电影>
```

此外，在 XML 文档中如不要求子元素出现的顺序，可以这样书写：

```
<! ELEMNET 联系人(姓名 e-mail)>
```

要求子元素出现的顺序则使用下列的书写方式：

```
<! ELEMNET 联系人(姓名,e-mail)>
```

想一想： 声明语句 <! ELEMENT 电影 (电影名,制片人+,出版商,演员+,导演+,副导演*,评价*)>，怎么书写对应的 XML 文档？

8. 成组元素的声明

对于以某种组合方式在一起的两个或多个元素的次数控制，可通过“( )”来控制，并在圆括号外加上“+”“*”或者“?”。

例如：

<!ELEMENT 联系人(姓名,e-mail)+> 表示在联系人元素中，包含一个或多个“姓名”和“e-mail”，并且在每个子元素中“姓名”都放在“e-mail”前面。写成 XML 文档如下：

```
<联系人>
<姓名>李丽</姓名>
<e-mail>abc@ qq. com</e-mail>
<姓名>王明</姓名>
<e-mail>sdf@ qq. com</e-mail>
</联系人>
```

想一想： <!ELEMNET 联系人(姓名,(电话|e-mail),地址?)>对应怎样的 XML 文档？声明语句<!ELEMENT 男人 (姓名,身份证,学历+,(手机|座机)*,联系地址*,老婆?,女同学+)>，对应怎样的 XML 文档？

注意：(手机|座机) *表示既可以有手机也可以有电话。如果没有最后的*，则有一个即可。

练一练： 按照下面的 DTD 写出正确的 XML 文档。

```
<!ELEMNET 联系人(姓名,(电话|e-mail))>
<!ELEMNET 姓名(#PCDATA)>
<!ELEMNET 电话(#PCDATA)>
<!ELEMNET e-mail(#PCDATA)>
```

3.3.3 DTD 的元素声明示例

```
<?xml version="1.0" encoding="gb2312" ?>
```

```
<!DOCTYPE 联系方式[
<!ELEMENT 联系方式(姓名,性别,工作单位,籍贯,年龄,(学历,毕业院校,所获学位)*,联系电话+,婚姻状况)>
<!ELEMENT 姓名(#PCDATA)>
<!ELEMENT 性别(#PCDATA)>
<!ELEMENT 工作单位(#PCDATA)>
<!ELEMENT 籍贯(#PCDATA)>
<!ELEMENT 年龄(#PCDATA)>
<!ELEMENT 学历(#PCDATA)>
<!ELEMENT 毕业院校(#PCDATA)>
<!ELEMENT 所获学位(#PCDATA)>
<!ELEMENT 联系电话(#PCDATA)>
<!ELEMENT 婚姻状况(#PCDATA)>
]>
```

该 DTD 对应的一份合法的 XML 文档如下：

```
<联系方式>
<姓名>张宇</姓名>
<性别>男</性别>
<工作单位>重庆大剧院</工作单位>
<籍贯>重庆</籍贯>
<年龄>46</年龄>
<学历>大学</学历>
<毕业院校>重庆大学</毕业院校>
<所获学位>学士</所获学位>
<联系电话>12345678</联系电话>
<联系电话>023-123456</联系电话>
<婚姻状况>已婚</婚姻状况>
</联系方式>
```

写成这样的 XML 文档也是合法的：

```
<联系方式>
<姓名>王雯佳</姓名>
<性别>女</性别>
<工作单位>重庆万福有限股份公司</工作单位>
<籍贯>重庆</籍贯>
<年龄>32</年龄>
<联系电话>12344321</联系电话>
<联系电话>023-123321</联系电话>
<婚姻状况>已婚</婚姻状况>
</联系方式>
```

在浏览器中显示，如图 3-4 所示。

```
<?xml version="1.0" encoding="gb2312" ?>
<!DOCTYPE 联系方式 (View Source for full doctype...)>
<联系方式>
  <姓名>张宇</姓名>
  <性别>男</性别>
  <工作单位>重庆大剧院</工作单位>
  <籍贯>重庆</籍贯>
  <年龄>46</年龄>
  <学历>大学</学历>
  <毕业院校>重庆大学</毕业院校>
  <所获学位>学士</所获学位>
  <联系电话>12345678</联系电话>
  <联系电话>023-123456</联系电话>
  <婚姻状况>已婚</婚姻状况>
</联系方式>
```

图 3-4　DTD 验证元素的 XML 文档

3.4　DTD 对属性的声明

在 DTD 中，属性用于描述元素的额外信息，对元素的信息作补充说明。一份有效的 XML 文档中使用的属性，必须事先在 DTD 中进行声明，声明的内容包含声明属性的名称、属性所属的元素、属性的类型以及属性的附加值等。

3.4.1　DTD 的属性声明

在 DTD 中定义属性声明的基本语法如下：

```
<!ATTLIST 元素名 属性名 属性类型 属性的附加值>
```

其中：

- <! ATTLIST 表示属性声明语句的开始，ATTLIST 必须要大写。
- 元素名指出现在 XML 文档中的属性所属的标记名。
- 属性名指出现在 XML 文档中的该元素拥有的属性标记名。
- 属性类型用来描述属性包含的数据类型。例如，表示字符数据的 CDATA、表示唯一取值的 ID 类型等。
- 属性的附加值用来表示属性的默认值，为可选项。

例如 <!ATTLIST 图书 类型 CDATA #REQUIRED>，表示声明了一个元素“图书”，拥有属性“类型”，属性的数据类型为 CDATA 字符型，#REQUIRED 表示属性是“必须要有的”。对应的 XML 文档如下：

```
<图书 类型="科技书">宇宙大爆炸</图书>
```

当元素有多个属性时，声明语句如下：

```
<!ATTLIST 图书 类型 CDATA #REQUIRED
               库存 CDATA #REQUIRED>
```

对应的 XML 文档如下：

```
<图书 类型="科技书"库存="300本">宇宙大爆炸</图书>
```

想一想：<书籍 作者 = "罗贯中" >三国演义</书籍>对应怎样的 DTD 声明？

练一练：书写该 XML 文档对应的 DTD。

```
<联系方式 序号 = "001" 证件 = "身份证" >
<姓名 >张宇 </姓名 >
<性别 >男 </性别 >
<工作单位 >重庆大剧院 </工作单位 >
</联系方式 >
```

3.4.2 属性的附加声明

在 DTD 的声明中，属性的附加声明主要是设定该元素是否拥有属性，该属性是否是必需指以及该属性的默认值等。如表 3-2 所示。

表 3-2 属性的附加值

属性的附加声明	含 义
#REQUIRED	该属性必须要出现
#IMPLIED	该属性可有可无
#FIXED	该属性取值是固定值
无	该属性提供了一个默认值

含义说明如下。

1）#REQUIRED 表明该元素的属性是必需的，并必须给出一个属性值，例如<!ATTLIST 图书 类型 CDATA #REQUIRED>，表明图书的类型一定要出现，对应下列 XML 文档都是有效的。

```
<图书 类型 = "文学" >西游记 </图书 >
```

或者：

```
<图书 类型 = "科技" >黑洞 </图书 >
```

想一想：<图书>三国演义</图书> 符合上述的属性声明吗？

2）#IMPLIED 表明该元素的属性是可有可无的，例如<!ATTLIST 作者 年龄 CDATA #IMPLIED>，表明作者的年龄可有可无，对应下列 XML 文档都是有效的：

```
<作者 年龄 = "45" >张燕 </作者 >
```

或者：

```
<作者 >张燕 </作者 >
```

想一想：<作者 籍贯 = "山西" >张燕</作者> 符合上述的属性声明吗？

3）#FIXED 表明该元素的属性是固定的，不能够改变其值。如果没有为该元素定义属性，解析器也会自动取声明时的默认值，例如<!ATTLIST 图书 类型 CDATA #FIXED "文学">，声明图书的类型默认为“文学”，对应下列 XML 文档是有效的：

```
<图书 类型 = "文学" >西游记 </图书 >
```

或者：

<图书>西游记</图书>

而<图书 类型='科技'>黑洞</图书>违背了声明的定义，是无效文档。

如果在声明中没有出现"#FIXED"语句，则该声明类型为默认属性。例如<ATTLIST 信号灯 类型(红灯|黄灯|绿灯)"绿灯">，该例声明了信号灯的属性默认值为"绿灯"。

值得注意的是：如果某个属性既有默认值又有文档中的定义值，那么文档中的定义值优先级较高。

想一想：<图书 类型='武侠'>射雕英雄传</图书> 符合上述的声明吗？<图书>笑傲江湖</图书> 符合上述的声明吗？

练一练：请根据下面的 XML 文档写出对应的 DTD 声明语句。

```
<!ATTLIST 人 性别(男性|女性)"男性">
```

练一练：请根据下面的 XML 文档写出对应的 DTD 声明语句。

```
<book author="罗贯中">三国演义</book>
```

练一练：请根据下面的 DTD 声明写出对应的 XML 文档。

```
<book  bookcategory CDATA #FIXED "武侠">
```

练一练：请根据下面的 DTD 声明写出对应的 XML 文档。

```
<!ELEMENT 肉 EMPTY>
  <ATTLIST 肉 类型(鸡肉|猪肉|牛肉|鱼肉)"猪肉">
```

练一练：请根据下面的 DTD 声明写出对应的 XML 文档。

```
<ATTLIST 作者
  姓名 CDATA #REQUIRED
  性别 CDATA #REQUIRED
  年龄 CDATA #IMPLIED
  学历 CDATA #IMPLIED "本科"
  职务 CDATA #IMPLIED>
```

3.4.3 属性的类型

每个属性在声明的时候都需要为其指定数据类型，DTD 中常见的属性类型有以下 10 种，如表 3-3 所示。

表 3-3 属性的数据类型

类 型 名	含 义
CDATA	普通的字符类型
ID	唯一的属性类型
IDREF	ID 引用类型
IDREFS	空格隔开的 ID 属性

（续）

类 型 名	含 义
ENTITY	实体类型
ENTITIES	空格隔开的实体类型
NMTOKEN	属性值由字母、数字、下画线、连字符、圆点等组成
NMTOKENS	属性值由多个 nmtoken 组成
NOTATION	属性值是 DTD 中声明的标记名
Enumerated	枚举

说明如下：

1. CDATA 类型

CDATA 类型为文本字符类型，要求属性值必须为字符串（但不能包含“<”“>”“&”“"”和“'”5 种字符）。如下例声明了“书本”元素的“库存”属性和“类别”属性为 CDATA 型。

```
<!ATTLIST 书本 类别 CDATA   #REQUIRED
                库存 CDATA   #REQUIRED
>
```

值得注意的是：在 DTD 在声明元素时使用类型为#PCDATA，声明属性时使用类型为 CDATA。

对应的 XML 文档如下：

```
<图书名单>
  <书本 类别="文学类" 库存="800 本">西游记</书本>
  <书本 类别="科技类" 库存="100 本">万物起源</书本>
  <书本 类别="历史类"   库存="200 本">明史</书本>
</图书名单>
```

想一想：XML 文档<书本>西游记</书本> 正确吗？

2. ID 类型

ID 类型要求其属性值在文档中是唯一的。在 XML 文档中必须是有效的名称，一般为“职工号”“学号”“身份证号码”“社会保险号”等。ID 类型在声明时不能使用默认值，也不能用“#FIXED”附加声明来描述。如下例声明了“员工”元素中的“职工号”为 ID 类型，该职工号的取值在整个文档中必须唯一。

<!ATTLIST 员工 职工号 ID #REQUIRED>，对应的 XML 文档如下：

```
<员工 职工号="001">张凤</员工>
<员工 职工号="002">明艳</员工>
<员工 职工号="003">贾善</员工>
```

想一想：① <图书 ISBN='079-222-12345'>射雕英雄传</图书>，应该怎样写相关的属性声明？

② 声明语句<!ATTLIST 学生 学号 ID #REQUIRED>，应该这样书写有效的 XML 文档？

3. IDREF 类型

IDREF 类型要求取值必须在之前声明的 ID 类型中选取，这样可以保证 IDREF 类型的属性值在文档中也是唯一的，如单位里职务为“工会主席”的职工号属于单位的“职工号”，并且在整个单位也是唯一的。

例如：

```
<!ATTLIST 职工 职工号 ID   #REQUIRED>
<!ATTLIST 职工 部门领导号 IDREF>
```

该例首先声明了“职工”元素拥有一个唯一的“职工号”属性，然后声明属性“部门领导号”，它的取值来源于“职工号”。对应的 XML 文档如下：

```
<员工名单>
  <员工 职工号="001" 部门领导号="002">张凤</员工>
  <员工 职工号="002" 部门领导号="002">黄雨</员工>
  <员工 职工号="003" 部门领导号="002">林琳</员工>
  <员工 职工号="004" 部门领导号="002">迟万天</员工>
  <员工 职工号="005" 部门领导号="002">戴宗</员工>
</员工名单>
```

4. IDREFS 类型

IDREFS 类型和 IDREF 类型相似，不同之处在于 IDREFS 类型属性值可以由一个或多个 ID 类型取值组成，且每个名称都是 XML 文档里存在的 ID 类型的值。注意，在多个 ID 值之间用空格分开，并放入同一对引号中。

例如：

```
<!ATTLIST 职工 职工号 ID   #REQUIRED>
<!ATTLIST 职工 部门领导号 IDREFS>
```

该例首先声明了“职工”元素拥有一个唯一的“职工号”属性，然后声明属性“部门领导号”，它的取值来源于“职工号”，并且一个部门的领导不止一个。对应的 XML 文档如下：

```
<员工名单>
  <员工 职工号="001" 部门领导号="002 004">张凤</员工>
  <员工 职工号="002" 部门领导号="002 004">黄雨</员工>
  <员工 职工号="003" 部门领导号="002 004">林琳</员工>
  <员工 职工号="004" 部门领导号="002 004">迟万天</员工>
  <员工 职工号="005" 部门领导号="002 0042">戴宗</员工>
</员工名单>
```

5. ENTITY 类型

ENTITY 类型表示实体类型的属性，它可以把文档之外的二进制数据文件或者不可解析实体（如图片、声音等文件），链接到该 XML 文档中。

例如：

```
<!ENTITY 学生照片 SYSTEM "STU.JPG">
```

<!ATTLIST 照片 文件 ENTITY #REQUIRED>

该例首先声明了“照片”元素拥有一个“文件”属性，然后声明文件属性是ENTITY类型，对应的XML文档如下：

<照片 文件="学生照片"></照片>,通过ENTITY类型引用了外部的图片文件"STU. JPG"

6. ENTITIES类型

ENTITIES类型表示ENTITY类型的复合形式，它由空格分开的一个或多个ENTITY类型的值组成，通过引号将实体名括起来，且每个值都必须符合ENTITY类型的规则。

例如：

```
<!ENTITY 学生照片 SYSTEM "STU. JPG">
<!ENTITY 老师照片 SYSTEM "TEA. JPG">
<!ATTLIST 照片 文件 ENTITIES #REQUIRED>
```

该例首先声明了“照片”元素拥有一个“文件”属性，然后声明文件属性是ENTITY类型，并引用了“学生照片”和“老师照片”两个未解析的实体名称，对应的XML文档如下：

<照片 文件="学生照片 老师照片"></照片>,通过ENTITY类型引用了外部的图片文件"STU. JPG和TEA. JPG"

7. NMTOKEN类型

NMTOKEN类型的属性值由字母、数字、小圆点、连字号、冒号、句号和下画线所组成。其中字符串间不能出现空格，冒号不能出现在第一个字符位置，例如下面的声明：

<!ATTLIST 学生 联系电话 NMTOKEN #REQUIRED>对应的XML文档：

```
<学生 联系电话="023-67001234">张梅梅</学生>
```

或者：

```
<学生 联系电话="-02367001234">张梅梅</学生>
```

不允许这样的写法：

```
<学生 联系电话="023 67001234">张梅梅</学生>
```

上述写法字符串之间有空格出现。

8. NMTOKENS类型

NMTOKENS类型是NMTOKEN类型的复数形式，表示由一个或多个NMTOKEN类型的属性值组成，属性值中间由空格隔开，并使用引号括起来。

例如：

```
<!ATTLIST 学生 联系电话 NMTOKENS #REQUIRED>
```

对应的XML文档如下：

```
<学生 联系电话="023-67001234 139123456 15878129033">张梅梅</学生>
```

9. NOTATION类型

NOTATION类型允许属性值为DTD中声明的标记名。当XML文档无法解析一些二进制文件时，就需要引入 NOTATION 类型来解析。通过指定 NOTATION 类型的属性来实现 XML 引用外部的处理程序。

例如：

```
<!ATTLIST 程序 src   NOTATION   #REQUIRED >
<! NOTATION program SYSTEM   "abc. mov" >
```

该例声明了一个 NOTATION 类型的属性，它链接了外部的程序“abc. mov”。对应的 XML 文档如下：

```
<程序 src = " program "/>
```

在 program 里引用了外部的文件“abc. mov”。

10. Enumerated 类型

Enumerated 类型为枚举型，指一组取值列表，此种类型的取值必须出现在指定的选项中。值得注意的是：定义枚举类型时，并不使用关键字“Enumerated”，而是在属性列表中通过“|”符号来区分不同的选项，如下例：

```
<!ATTLIST 图书 类别 (文学|历史|科技|经济|) #REQUIRED >
```

在书写 XML 文档时“图书”属性的“类别”必须在“文学，历史，科技，经济”中选择。

对应的 XML 文档如下：

```
<图书 类别 = "历史" >明史</图书>
```

不能出现这样的内容：

```
<图书 类别 = "教材" >大学物理</图书>
```

想一想：对于<!ATTLIST 学生 性别(男|女) #REQUIRED>，应当怎样写 XML 文档？

3.4.4 DTD 的属性声明示例

```
<?xml version = "1.0" encoding = "gb2312" ?>
<项目 编号 = "20171" >
<任务>网络平台的开发</任务>
<负责人 id = "0501" >
<姓名>王明</姓名>
<职称>工程师</职称>
</负责人>
</项目>
```

对应的 DTD 如下：

```
<!DOCTYPE 项目 [
<!ELEMENT 项目(任务,负责人) >
<!ATTLIST 项目 编号 ID #REQUIRED >
<!ELEMENT 负责人(姓名,职称) >
<!ATTLIST 负责人 id ID   #REQUIRED >
```

```
<!ELEMENT 任务(#PCDATA)>
<!ELEMENT 姓名(#PCDATA)>
<!ELEMENT 职称(#PCDATA)>
]>
```

该例首先定义了根元素“项目”，再声明其中的子元素“任务”和“负责人”，并声明了“项目”的属性“编号”。再依次声明了两个子元素“任务”和“负责人”。其中“负责人”包含“姓名”和“职称”两个子元素，以及属性“id”。

练一练：请根据下面的 XML 文档，写出对应的 DTD 声明语句。

```
<班级 班号="15级软件1班">
<教师 教师编号="112">
<姓名>王渝</姓名>
<任教系别>计算机系</任教系别>
<任教科目>C程序设计</任教科目>
<性别>男</性别>
</教师>
<教师 教师编号="113">
<姓名>张真</姓名>
<任教系别>计算机系</任教系别>
<任教科目>Java程序设计</任教科目>
<性别>男</性别>
</教师>
<学生 系别="计算机系" 班主任="李红" 性别="男" 学号="20150512">
<姓名>杜大宇</姓名>
</学生>
<学生 系别="计算机系" 班主任="李红" 性别="女" 学号="20150533">
<姓名>周小红</姓名>
</学生>
</班级>
```

3.5 DTD 对实体的声明

3.5.1 实体的定义

实体

XML 中的实体实际上是一种引用机制，该机制可以将多种不同类型的数据存储在 XML 文档中，从而节约时间，提高工作效率。

实体从根本上来说包含了 XML 文档、XML 的 DTD 文档、DTD 中使用的字符串或者外部文档。一个具体的实体，既可以包含简单的字符数据，也可以包含复杂的二进制数据，还可以是一个文档。

在第 2 章已经给出了 5 种内置实体的使用：

- &对应 & 字符。

- <对应 < 字符。
- > 对应 > 字符。
- &apos 对应'字符。
- " 对应"字符。

3.5.2 实体的类型

从不同的角度来看，实体的实现有以下几种类型：

1）根据实体与文档的关系分为内部实体和外部实体。内部实体所定义的内容与使用的实体声明在同一文档中；外部实体所定义的内容在实体声明文档外。

2）根据实体引用的位置分为一般实体和参数实体。一般实体一般用于 XML 文档中；参数实体只能在外部的 DTD 中定义，不能用于 XML 文档中。

3）根据实体本身的内容分为解析实体和不可解析实体。解析实体是包含字符、数字和文本等实体；不可解析实体是包含图片、声音等其他的二进制数据的实体。

3.5.3 实体的分类及应用

1. 通用实体

（1）内部通用实体

内部通用实体指在 DTD 中定义的一段文字内容，可以被 XML 文档所引用，也可以被 DTD 所引用。

语法格式如下：

```
<!ENTITY 实体名 "实体值" >
```

说明：

- !ENTITY 表示实体的定义，ENTITY 为关键字要大写。
- 实体名表示实体的名称，要区分大小写。
- 实体值表示实体的具体内容。

例 3-6 内部通用实体示例。

<!ENTITY 学校介绍 "该校环境优美,地理位置好,软硬件实力突出" >，声明了实体“学校介绍”，它的内容为“该校环境优美，地理位置好，软硬件实力突出”。

定义了实体后，便可以在 XML 中引用，引用的语法如下：

```
& 实体名;
```

对上例的引用：

```
<评价>& 学校介绍;</评价>
```

引用后可以得到这样的语句：

```
<评价>该校环境优美,地理位置好,软硬件实力突出</评价>
```

想一想：对于内部实体：<!ENTITY 评价 "该书详细介绍了 XML 的语法及实现方式" > 怎样引用实现？

（2）外部通用实体

外部通用实体通常指一个独立存在的文件，可以被多个文档引用。与内部实体相比，外部实体具有更好的灵活性，可参考外部 DTD 的声明和引用。

语法格式如下：

```
<!ENTITY 实体名 SYSTEM "URL">
```

说明：

- !ENTITY 表示实体的定义，ENTITY 为关键字要大写。
- 实体名表示实体的名称，要区分大小写。
- SYSTEM 表示为外部实体，要大写。
- URL 表示外部实体文件所对应的目录地址。

例 3-7 外部通用实体示例。

<!ENTITY 图书 SYSTEM "Entity01. Dtd">，声明了实体“图书”，它的类型为外部实体，保存文件名为“Entity01. dtd”。

在 XML 文档中引用外部实体的语法与内部实体一致：

```
&实体名;
```

对该例的引用：

```
<评价>&图书;</评价>
```

Entity01. dtd 文档的内容如下：

```
<?xml version="1.0" encoding="gb2312"?>
<图书>
<作者>金庸</作者>
<作品>倚天屠龙记</作品>
<版权所有>金庸</版权所有>
<出版商>三联出版社</出版商>
</图书>
```

引用后可以得到这样的语句：

```
<图书>
<作者>金庸</作者>
<作品>倚天屠龙记</作品>
<版权所有>金庸</版权所有>
<出版商>三联出版社</出版商>
</图书>
```

2. 参数实体

参数实体的内容更加广泛，不仅包含文本，还可以包含元素声明、属性声明等。参数一般情况下出现在外部 DTD 中。

（1）内部参数实体

内部参数实体是声明在 DTD 内部的参数实体，语法如下：

```
<!ENTITY %实体名 "实体内容" >
```

说明：

- !ENTITY 表示实体的定义，ENTITY 为关键字要大写。
- “%” 表示参数实体的定义。
- 实体名表示实体的名称。
- 实体内容表示实体的具体内容。

例如，<!ENTITY %家电 "(名称,品牌)" >，声明了一个内部参数实体“家电”，它有两个元素“名称”和“品牌”。在声明后即可在需要的 DTD 文档中引用它。引用的语法如下：

```
%实体名;
```

对该例的引用：

```
<!ELEMENT 家居 %家电;>.
```

例 3-8 内部参数实体示例。

```
<?xml version = "1.0" encoding = "gb2312"?>
<!DOCTYPE root[
<!ENTITY %物品 "
<!ELEMENT name(#PCDATA)>
<!ELEMENT address(#PCDATA)>
<!ELEMENT size(#PCDATA)>
<!ELEMENT pic(#PCDATA)>
<!ELEMENT remark(#PCDATA)>" >
<!ELEMENT root(shop) + >
<!ELEMENT shop(name,address,size,pic *,remark?)>
%物品;
]>
<root>
<shop>
<name>香蕉</name>
<address>海尔路</address>
<size>21</size>
</shop>
</root>
```

该例声明了实体“物品”，它包含 5 个子元素“name”“address”“size”“pic” 和“remark”，DTD 被解析后，其中元素声明语句中的“%物品”被定义的内部参数实体所替代。

（2）外部参数实体

外部参数实体一般是一个独立的 DTD 文档，并用过 DTD 文档的 URL 对其进行调用。与内部参数实体相比，外部参数实体更灵活。

外部参数实体声明语法如下：

```
<!ENTITY %实体名 SYSTEM  "URL">
```

说明：

- !ENTITY 表示实体的定义，ENTITY 为关键字要大写。
- “%” 表示参数实体的定义。
- 实体名表示实体的名称，要区分大小写。
- SYSTEM 表示为外部实体，要大写。
- URL 表示外部实体文件所对应的目录地址。

例如，<!ENTITY %家电 SYSTEM "jiaju.dtd">，声明了外部参数实体“家电”，它引用了外部的 DTD 文档“jiaju.dtd”。

例 3-9 外部参数实体示例。

```
<?xml version="1.0" encoding="gb2312"?>
<!DOCTYPE 学生列表[
<!ENTITY %名称 SYSTEM "3-9.dtd">
<!ELEMENT 学生列表(学生*)>
<!ELEMENT 学生(姓名,性别)>
%名称;
]>

<学生列表>
<学生>
<姓名>张飞</姓名>
<性别/>
</学生>
<学生>
<姓名>邓红</姓名>
<性别 value="女"/>
</学生>
</学生列表>
```

引用的外部“3-9.dtd”：

```
<?xml version="1.0" encoding="gb2312" ?>
<!ELEMENT 姓名(#PCDATA)>
<!ELEMENT 性别 EMPTY>
<!ATTLIST 性别 value(男|女)"男">
```

在浏览器中运行，如图 3-5 所示。

在该例中学生张飞的性别引用了外部实体中的属性声明：“<!ATTLIST 性别 value(男|女)"男">”，当 XML 文档没有为其赋值时会默认为“男”。

```
<?xml version="1.0" encoding="gb2312" ?>
<!DOCTYPE 学生列表 (View Source for full doctype...)>
- <学生列表>
- <学生>
    <姓名>张飞</姓名>
    <性别 value="男" />
  </学生>
- <学生>
    <姓名>邓红</姓名>
    <性别 value="女" />
  </学生>
</学生列表>
```

图 3-5　参数实体

3.6　DTD 的应用示例

本节给出了一个 DTD 应用的示例，该例通过声明班级的内容，对元素和属性的使用进行综合练习。

```
<?xml version = "1.0"  encoding = "GB2312"  ?>
<!DOCTYPE 班级 [
<!ELEMENT 班级(老师+,学生*)>
<!ELEMENT 老师 EMPTY>
  <!ELEMENT 学生 EMPTY>
  <!ATTLIST 老师
    名字 CDATA #REQUIRED
    性别(男|女)#REQUIRED
    年龄 CDATA #REQUIRED
    籍贯 CDATA #IMPLIED
  >
  <!ATTLIST 学生
      名字 CDATA #REQUIRED
      年龄 CDATA #REQUIRED
      籍贯 CDATA #IMPLIED
  >
  ]>
  <班级>
  <老师 名字="张荣" 性别="男" 年龄="35" 籍贯="重庆" />
  <老师 名字="肖萍" 性别="女" 年龄="45" 籍贯="江西"/>
  <学生 名字="刘江" 年龄="13" 籍贯="四川" />
  <学生 名字="章爱萍" 年龄="13" 籍贯="湖北" />
  <学生 名字="宋静" 年龄="12" 籍贯="重庆" />
  <学生 名字="邱中" 年龄="14" 籍贯="重庆" />
  <学生 名字="董智慧" 年龄="12" 籍贯="新疆" />
  </班级>
```

该例声明了一个元素“班级”，它包含两个子元素“老师”和“学生”，其中“老师”至少出现一次，用“+”声明，“学生”可出现任意次，用“*”声明。这两个元素都是空元素，用“EMPTY”声明。在“老师”和“学生”元素中还包含相关的属性。

在浏览器中显示如图 3-6 所示。

```
<?xml version="1.0" encoding="GB2312" ?>
<!DOCTYPE 班级 (View Source for full doctype...)>
- <班级>
    <老师 名字="张荣" 性别="男" 年="35" 籍贯="重庆" />
    <老师 名字="肖萍" 性别="女" 年="45" 籍贯="江西" />
    <学生 名字="刘江" 年龄="13" 籍贯="四川" />
    <学生 名字="章爱萍" 年龄="13" 籍贯="湖北" />
    <学生 名字="宋静" 年龄="12" 籍贯="重庆" />
    <学生 名字="邱中" 年龄="14" 籍贯="重庆" />
    <学生 名字="董智慧" 年龄="12" 籍贯="新疆" />
  </班级>
```

图 3-6　DTD 实例

练一练：为下例的 DTD 书写正确的 XML 文档。

```
<?xml version = "1.0" encoding = "gb2312"?>
<!DOCTYPE 单位 [
<!ELEMENT 单位(部门*)>
<!ATTLIST 单位 名称 CDATA #REQUIRED>
<!ATTLIST 单位 电话 CDATA #REQUIRED>
<!ELEMENT 部门(职工*)>
<!ATTLIST 部门 编号 CDATA #REQUIRED>
<!ELEMENT 职工(姓名,性别,年龄,学历,电话,职务)>
<!ATTLIST 职工 编号 CDATA #REQUIRED>
<!ELEMENT 姓名(#PCDATA)>
<!ELEMENT 性别(#PCDATA)>
<!ELEMENT 年龄(#PCDATA)>
<!ELEMENT 学历(#PCDATA)>
<!ELEMENT 电话(#PCDATA)>
<!ELEMENT 职务(#PCDATA)>
]>
```

3.7　小结

DTD（文档类型定义）可以约束 XML 文档的语义，它主要是通过对 XML 文档中元素和属性的声明以及结构的定义来实现这一功能。

书写 DTD 可以更好地验证 XML 文档的合法化。

DTD 分为内部 DTD 和外部 DTD，内部 DTD 写在 XML 文档中，外部 DTD 是一个独立的文档，后缀名为 *.dtd。

DTD 对元素的声明语句：<!ELEMENT 元素名 元素内容的定义>。

DTD 对属性的声明语句：<!ATTLIST 元素名 属性名 属性类型 属性的附加值>。

实体是DTD中的一种引用机制，通过引用实体可以节约空间，提高效率。实体分为内部实体和外部实体、一般实体和参数实体。

DTD的不足之处在于数据类型简单，扩展不方便，并且不支持名称空间。

3.8 实训

1. 实训目的

通过本章实训了解DTD文档的结构和书写方式，掌握DTD文档的验证方式。

2. 实训内容

1）创建汽车销售的XML文档，并用DTD来验证。代码如下：

```
<?xml version="1.0" encoding="gb2312"?>
<!DOCTYPE 汽车销售[
  <!ELEMENT 汽车销售(汽车介绍*,销售人员*)>
  <!ELEMENT 汽车介绍(汽车*)>
  <!ELEMENT 汽车(颜色,厂商,轮胎数量,价格,产地,排量,描述)>
  <!ATTLIST 汽车 类型 CDATA #REQUIRED>
  <!ELEMENT 颜色(#PCDATA)>
  <!ELEMENT 厂商(#PCDATA)>
  <!ELEMENT 轮胎数量(#PCDATA)>
  <!ELEMENT 价格(#PCDATA)>
  <!ELEMENT 产地(#PCDATA)>
  <!ELEMENT 排量(#PCDATA)>
  <!ELEMENT 描述(#PCDATA)>
  <!ELEMENT 销售人员(销售*)>
  <!ELEMENT 销售(姓名,年龄,学历,工作时间)>
  <!ELEMENT 姓名(#PCDATA)>
  <!ELEMENT 年龄(#PCDATA)>
  <!ELEMENT 学历(#PCDATA)>
  <!ELEMENT 工作时间(#PCDATA)>
  ]>
  <汽车销售>
  <汽车介绍>
    <汽车 类型="运动型">
    <颜色>红色</颜色>
    <厂商>长安福特</厂商>
    <轮胎数量>4</轮胎数量>
    <价格>200000</价格>
    <产地>中国</产地>
  <排量>2.0</排量>
  <描述>运动版,性能好</描述>
    </汽车>
```

```
  <汽车  类型="豪华版">
    <颜色>白色</颜色>
    <厂商>沃尔沃</厂商>
    <轮胎数量>4</轮胎数量>
    <价格>400000</价格>
    <产地>中国</产地>
    <排量>2.0T</排量>
    <描述>操控感强,性能出众</描述>
  </汽车>
  </汽车介绍>
  <销售人员>
  <销售>
    <姓名>张红</姓名>
    <年龄>25</年龄>
    <学历>本科</学历>
    <工作时间>3年</工作时间>
  </销售>
  <销售>
    <姓名>肖扬</姓名>
    <年龄>27</年龄>
    <学历>本科</学历>
    <工作时间>4年</工作时间>
  </销售>
  </销售人员>
  </汽车销售>
```

2）小明所在的学校要创建学生管理系统，使用电子文档格式进行保存和数据传输，请书写 DTD 来验证下列的 XML 文档。

```
<?xml version="1.0" encoding="gb2312"?>
  <学校信息 名称="">
  <系部 名称="计算机系">
  <系主任>林杨</系主任>
  <专业>
  <软件技术>
  <一年级>
  <班级>1班</班级>
  <班主任>汤杨</班主任>
  <任课老师>张平</任课老师>
  <任课老师>何于</任课老师>
  <任课老师>朱丹</任课老师>
  <班长>桂平</班长>
  </一年级>
  <二年级>
```

```
<班级>1 班</班级>
<班主任>杨峥</班主任>
<任课老师>石元</任课老师>
<任课老师>杜肖</任课老师>
<任课老师>刘灿</任课老师>
<班长>张宇</班长>
</二年级>
<三年级>
<班级>1 班</班级>
<班主任>关胜</班主任>
<任课老师>周扬</任课老师>
<任课老师>李文</任课老师>
<任课老师>龙飞</任课老师>
<班长>苟鹏</班长>
</三年级>
</软件技术>
<网络技术>
<一年级>
<班级>1 班</班级>
<班主任>赵兵</班主任>
<任课老师>钱桂</任课老师>
<任课老师>孙斌</任课老师>
<任课老师>武威</任课老师>
<班长>彭佳素</班长>
</一年级>
<二年级>
<班级>1 班</班级>
<班主任>黄征</班主任>
<任课老师>王菲</任课老师>
<任课老师>杜状</任课老师>
<任课老师>周才道</任课老师>
<班长>彭刚</班长>
</二年级>
<三年级>
<班级>1 班</班级>
<班主任>杜灿</班主任>
<任课老师>王宇</任课老师>
<任课老师>周周</任课老师>
<任课老师>贾佳</任课老师>
<班长>石岛</班长>
</三年级>
</网络技术>
</专业>
```

```
</系部>
</学校信息>
```

3）根据给出的 DTD 文件，编写一份有效的 XML 文档。

```
<?xml version="1.0" encoding="gb2312"?>
<!ELEMENT  联系人列表(联系人+)>
<!ELEMENT  联系人(姓名,性别,公司,EMAIL,(移动电话|固定电话),地址)>
<!ELEMENT  姓名(#PCDATA)>
<!ELEMENT  性别(#PCDATA)>
<!ELEMENT  公司(#PCDATA)>
<!ELEMENT  EMAIL(#PCDATA)>
<!ELEMENT  移动电话(#PCDATA)>
<!ELEMENT  固定电话(#PCDATA)>
<!ELEMENT  地址(省,市,街道)>
<!ELEMENT  省(#PCDATA)>
<!ELEMENT  市(#PCDATA)>
<!ELEMENT  街道(#PCDATA)>
```

4）根据下面的 XML 文档，写出正确的 DTD。

```
<乌龟介绍>
<乌龟 名称="小鳄龟">
<体长>47 cm</体长>
<形态特征>雄性体形较大,雌性反之</形态特征>
<原产地>北美洲和中美洲</原产地>
</乌龟>
<乌龟 名称="巴西彩龟">
<体长>20 cm</体长>
<形态特征>巴西彩龟的头部宽大,吻钝,头颈处具有黄绿相镶的纵条纹,眼后有一对红色条纹
</形态特征>
<原产地>巴西</原产地>
</乌龟>
<乌龟 名称="希腊陆龟">
<体长>25 cm</体长>
<形态特征>高拱的背壳,干燥的皮肤,前腿粗大而钝圆,行动起来比较缓慢</形态特征>
<原产地>非洲北部到欧洲南部</原产地>
</乌龟>
</乌龟介绍>
```

5）根据下面的 XML 文档，写出正确的内部 DTD。

```
<球队 队名="巴塞罗那">
<主教练 国籍="西班牙">恩里克</主教练>
<队员介绍>
  <队长>梅西</队长>
```

```
    <球员>苏亚雷斯</球员>
    <球员>内马尔</球员>
    <球员>伊涅斯塔</球员>
    <球员>马斯切拉诺</球员>
    <球员>皮克</球员>
    <球员>布斯克斯</球员>
  </队员介绍>
</球队>
```

3.9 习题

1. 选择题

1）定义元素声明的关键字为（　　）。

A. ELEMENT　　B. DTD　　C. ENTITY　　D. ATTLIST

2）ATTLIST 表示（　　）。

A. 元素　　B. 属性　　C. 文档　　D. 实体

3）在 DTD 中，实体标记指的是（　　）。

A. ELEMENT　　B. DTD　　C. ENTITY　　D. ATTLIST

4）属性中“#PCDATA”的中文含义是（　　）。

A. 字符类型　　B. 任意型　　C. 文本型　　D. 实体型

5）属性中“#REQUIRED”的中文含义是（　　）。

A. 必须出现　　B. 任意型　　C. 可有可无　　D. 默认型

6）CDATA 表示的是（　　）类型。

A. 枚举　　B. 字符　　C. 任意型　　D. 默认型

2. 简答题

1）简述 DTD 的特点。

2）简述 DTD 中元素声明的格式。

3）简述 DTD 中属性声明的格式。

4）简述内部实体和外部实体的区别?

5）简述引用外部实体的方法。

第4章　XML Schema

本章要点

- Schema 的基本结构
- Schema 的语法及书写
- Schema 数据类型的定义
- Schema 的使用

Schema 简介

4.1　Schema 简介

4.1.1　Schema 概述

DTD 的应用给 XML 文档提供了新的验证机制，推动了 XML 的发展。但是，随着互联网的日趋成熟，DTD 暴露了诸多缺陷：不支持名称空间；对数据类型的扩展性较差；对面向对象技术的支持性不强等，这些问题都制约了 DTD 的发展。

XML Schema 是 2001 年由万维网联盟 W3C 正式发布的标准，Schema 与 DTD 不同，它本身就是一个符合 XML 语法规范的文档，经过多年的发展与完善，如今 Schema 已经成为在 XML 环境下公认的最佳数据建模语言。

XML Schema 称为 XML 蓝图或 XML 模式，与 DTD 作用相似，它也是提供对 XML 文档的结构和内容进行约束的一种机制，主要通过声明 XML 文档的结构、声明 XML 文档的元素和属性、声明 XML 文档中的所有数据类型来验证 XML 文档的有效性。

XML Schema 有两种重要的模式：Microsoft XML Schema 和 W3CXMLSchema 模式。本书探讨的是第二种模式，基于 W3C 开发的 XML 验证标准，也是目前最广泛的应用。

与 DTD 相比，XML Schema 有以下的特点：

- XML Schema 使用 XML 的语法，便于学习和解析。
- XML Schema 支持更加全面的数据类型，除此之外，开发者还可以自行建立其他复杂的数据类型，扩展性较好。
- XML Schema 支持名称空间，表述更加清晰。
- XML Schema 与面向对象技术联系更紧密。
- XML Schema 更容易建立较为复杂的内容模型，实现代码的复用。
- XML Schema 有严格的数据定义规则，能极大程度保护网络通信的数据可靠性。

4.1.2 Schema 结构

XML Schema 是用一套预先规定的 XML 元素和属性创建的，这些元素和属性声明了 XML 文档的结构和组成方式。

例 4-1 一个包含 XML 文档及其对应的 XML Schema 文档示例。

```
<? xml version = "1.0" encoding = "gb2312" ? >
<图书>
 <书名>红楼梦</书名>
 <作者>曹雪芹</作者>
 <主要内容>描写贾宝玉与林黛玉的爱情故事及大家族的没落</主要内容>
 <出版社>人民文学出版社</出版社>
</图书>

  <xs:element name = "图书" >
  <xs:complexType >
  <xs:sequence >
  <xs:element name = "书名" type = "xs:string"/ >
  <xs:element name = "作者" type = "xs:string"/ >
  <xs:element name = "主要内容" type = "xs:string"/ >
  <xs:element name = "出版社" type = "xs:string"/ >
  </xs:sequence >
  </xs:complexType >
</xs:element >
```

说明：

第 1 句 <xs:element name = "图书" > 声明 XML 文档的根元素“图书”。“xs:element” 声明语句类型为“Schema”，“element” 表示声明类型为元素，element 可以小写，语法和 XML 一致。

第 2 句 <xs:complexType> 表明“图书”元素是一个复杂元素，用“complexType”表示。XML Schema 中的元素类型有复杂类型和简单类型。复杂类型指元素还拥有属性和非文本的子元素。简单类型指该元素只能有值，不能出现子元素或者属性。该例的“图书”元素中包含了“书名”“作者”“主要内容”“出版社”等子元素，因此是一个复杂类型。而“书名”“作者”“主要内容”“出版社”等子元素是简单类型的元素。

第 3 句 <xs:sequence> 声明在“图书”元素中包含的子元素必须顺序出现，用“sequence”表明。顺序元素（sequence）是一个用于定义元素顺序排列的元素。与 DTD 中的声明不同，XML Schema 直接用“sequence”定义。

第 4 句 <xs:element name = "书名" type = "xs:string"/ > 声明“书名”子元素。“书名”没有子元素，没有属性，是一个简单类型元素，并用“xs:string”定义数据类型为“字符串型”。该数据类型是 XML Schema 中预先定义好的可直接使用，此外，开发者在 XML Schema 中还可以自行定义数据类型。

第 5 ~ 8 句分别声明“作者”“主要内容”“出版社”为简单类型的元素，数据类型为“字符串型”且按照顺序来排列。

最后将所有的标记封闭，让格式完整。

至此，一个 XML Schema 就完成了。从上例可以看出，与 DTD 声明相比，XML Schema 的声明方式更加清晰，功能更加强大。

该例完整的 XML Schema 声明如下所示：

```
<? xml version = "1.0"? encoding = "gb2312" ? >
<xs:schema xmlns:xs = "http://www.w3.org/2001/XMLSchema"
targetNamespace = "http://www.w3school.com.cn"
xmlns = "http://www.w3school.com.cn"
elementFormDefault = "qualified" >
<xs:element name = "图书" >
  <xs:complexType >
  <xs:sequence >
<xs:element name = "书名" type = "xs:string"/ >
<xs:element name = "作者" type = "xs:string"/ >
<xs:element name = "主要内容" type = "xs:string"/ >
<xs:element name = "出版社" type = "xs:string"/ >
</xs:sequence >
</xs:complexType >
</xs:element >
```

其中：

- <xs:schema xmlns:xs = http://www.w3.org/2001/XMLSchema 语句表示用于构造 schema 的元素和数据类型来自于 http://www.w3.org/2001/XML 名称空间。
- targetNamespace = http://www.w3school.com.cn 语句表示本例定义的元素和数据类型来自于 http://www.w3school.com.cn 名称空间。
- xmlns = "http://www.w3school.com.cn"语句表示目标名称空间命名前缀。
- elementFormDefault = "qualified"语句表示所有全局元素的子元素将以默认方式放到目标命名空间。

想一想：对于下列的 XML 文档，怎样书写 schema 验证？

```
<? xml version = "1.0" encoding = "gb2312"? >
<movie >
<name >乘风破浪 </name >
<director >韩寒 </director >
<date >2016 -2 -12 </date >
<price >38 元 </price >
</movie >
```

练一练：请写出下列 XML 文档的 schema 验证。

```
<? xml version = "1.0"? >
<hello >
<greeting >Hello World!! </greeting >
```

```
</hello>
```

4.1.3 Schema的引用

XML Schema的作用是用于验证XML文档的有效性，并判断实例是否符合模式中所声明的约束条件，包含XML文档的结构和对元素集属性的书写。

用Schema对XML文档验证时需要首先声明XML文档的Schema实例名称空间：xmlns:xs="http://www.w3.org/2001/XMLSchema。其次需要指定Schema文档的位置，通过引用：xsi:schemaLocation="http://www.w3school.com.cn bookstore.xs来确定Schema文档的名称bookstore.xs文件。bookstore.xs表示保存的Schema文档后缀名为*.xs。此外，如果Schema文件具有targetNamespace的属性，在XML文档中通过SchemaLocation属性来引用。值得注意的是：对名称空间的声明语句要放在根元素中。

XML Schema验证XML文档示例如下：

4-1.xml：

```
<?xml version="1.0" encoding="gb2312" ?>
<图书 xmlns:xsi="http://www.w3.org/2001/XMLSchema-instance"
 xsi:noNamespaceSchemaLocation="4-1.xsd">
   <书名>红楼梦</书名>
   <作者>曹雪芹</作者>
   <主要内容>描写贾宝玉与林黛玉的爱情故事及大家族的没落</主要内容>
   <出版社>人民文学出版社</出版社>
   </图书>
```

4-1.xsd：

```
<?xml version="1.0" encoding="gb2312"?>
<xs:schema xmlns:xs="http://www.w3.org/2001/XMLSchema"
targetNamespace="http://www.w3school.com.cn"
xmlns="http://www.w3school.com.cn"
elementFormDefault="qualified">
<xs:element name="图书">
<xs:complexType>
<xs:sequence>
<xs:element name="书名" type="xs:string"/>
<xs:element name="作者" type="xs:string"/>
<xs:element name="主要内容" type="xs:string"/>
<xs:element name="出版社" type="xs:string"/>
</xs:sequence>
</xs:complexType>
</xs:element>
</xs:schema>
```

通过IE浏览器运行4-1.xml，得到验证结果，如图4-1所示。

```
<?xml version="1.0" encoding="gb2312" ?>
- <图书 xmlns:xsi="http://www.w3.org/2001/XMLSchema-instance" xsi:noNamespaceSchemaLocation="4-1.xsd">
    <书名>红楼梦</书名>
    <作者>曹雪芹</作者>
    <主要内容>描写贾宝玉与林黛玉的爱情故事及大家族的没落</主要内容>
    <出版社>人民文学出版社</出版社>
  </图书>
```

图 4-1　XML 的验证运行

4.2 Schema 元素声明

4.2.1　Schema 根元素声明

在 XML 文档中只能出现一个根元素，也是该文档的唯一父元素，在 XML Schema 同样如此。根元素表明了该文档的类型、模式约束以及名称空间的定义。定义如下：

```
<? xml version = "1.0"? >
<xs:schema xmlns:xs = "http://www.w3.org/2001/XMLSchema"
targetNamespace = "http://www.w3school.com.cn"
xmlns = "http://www.w3school.com.cn"
elementFormDefault = "qualified" >
<xs:element name = "图书" >
…
</xs:element >
</xs:schema >
```

其中，第 1 句声明 XML Schema 语句是属于 XML 的结构，第 2 ~ 5 句声明了 Schema 根元素的名称空间信息，最后一句 </xs:schema >则结束整个文档。

4.2.2　element 元素声明

XML Schema 中的元素使用“element”来声明，语法如下：

```
<xs:element name = "书名" type = "xs:string"/>
```

其中，name 属性表示元素的名称，必须以字母或下画线开始；type 属性表示元素的数据类型，如 xs:string 表示为字符型。

此外，element 还包含以下的属性。

- ref ：表示引用。
- minOccurs ：表示该元素出现的最少次数，最小值为 0，默认值为 1。
- maxOccurs ：表示该元素出现的最大次数，最小值为 1，默认值为 1，最大值为 unbounded，表示为无限大。

下例是 minOccurs 和 maxOccurs 的常见用法：

```
<xs:element name = "猫" type = "xs:string" minOccurs = "4" maxOccurs = "4" />
```

声明了元素“猫”，该元素在文档中出现的最小次数和最大次数都是 4 次。值得注意的是，minOccurs 和 maxOccurs 的属性值默认值为 1，意味着在文档中元素必须出现且仅出现一次，而且 maxOccurs 的取值需大于或等于 minOccurs 的值。

- fixed ：表示该元素的固定值。
- default ：表示该元素的默认值。

下例是默认值的常见用法：

```
<xs:element name="狗" type="xs:string" default ="中华田园犬" />
```

该例声明了元素“狗”的默认值为“中华田园犬”，当该文档在实例中遇到 <狗> 元素时：

```
<狗></狗>
```

如该元素没有内容，解析器会将它的值自动设为“中华田园犬”：

```
<狗>中华田园犬</狗>
```

element 元素声明实例：

<xs:element name="出版社" type="xs:string"/>，声明元素“出版社”，数据类型为字符串型。

<xs:element name="child_name" type="xs:string" minOccurs="0" maxOccurs="5"/>，声明元素“child_name”，数据类型为“字符串型”，该元素出现次数为 0 ~ 5 次。

例 4-2 声明 XML 中的复杂元素示例。

```
<xs:element name="小动物">
<xs:complexType>
<xs:sequence minOccurs="0" maxOccurs="unbounded">
<xs:element name="猫" type="xs:string"/>
<xs:element name="狗" type="xs:string"/>
</xs:sequence>
</xs:complexType>
</xs:element>
```

该例声明了一个复杂类型的元素“小动物”，它包含两个子元素“猫”“狗”，其中子元素出现的次数最小为 0，最大为无限次。可书写如下的 XML 文档：

```
<小动物>
<猫>波斯猫</猫>
<狗>博美犬</狗>
<狗>土狗</狗>
<狗>牧羊犬</狗>
</小动物>
```

或者：

```
<小动物>
<猫>波斯猫</猫>
```

```
<狗>牧羊犬</狗>
</小动物>
```

想一想：对于下列的 Schema 文档，怎样书写对应的 XML 语句？

```
<?xml version="1.0"?>
<xs:schema xmlns:xs="http://www.w3.org/2001/XMLSchema"
targetNamespace="http://www.w3school.com.cn"
xmlns="http://www.w3school.com.cn"
elementFormDefault="qualified">
<xs:element name="销售商品">
<xs:complexType>
<xs:sequence>
<xs:element name="商品名称" type="xs:string"/>
<xs:element name="商品型号" type="xs:string"/>
<xs:element name="产地" type="xs:string"/>
</xs:sequence>
</xs:complexType>
</xs:element>
</xs:schema>
```

4.2.3 element 元素声明中的简单类型与复杂类型

1. 简单类型

简单类型素指那些仅包含文本的元素。注意：简单类型的元素不会包含任何其他的元素或属性。

常用的元素类型如下。

xs:string 字符串；

xs:decimal 小数；

xs:integer 整数；

xs:boolean 逻辑；

xs:date 日期；

xs:time 时间。

如下例所示：

```
<年龄>37</年龄>
<出生日期>1980-03-27</出生日期>
<性别>女</性别>
<分数>98</分数>
```

这里出现的“年龄”“生日”“性别”“分数”都是简单类型的元素。

2. 复杂类型

复杂类型元素是指包含子元素或者属性的元素，复杂类型用“complexType”来声明。如下例：

```
<employee>
<firstname>John</firstname>
<lastname>Smith</lastname>
</employee>
```

该例声明了一个复杂元素“employee”，它包含两个子元素：“firstname”和“lastname”。

复杂类型中包含属性，例如：

```
<职工 工号="0101011">张三</职工>
```

该例声明了一个复杂元素“职工”，它包含属性“工号”。

想一想：下例文档中有几个简单元素，有几个复杂元素？

```
<person>
<full_name>Tony Smith</full_name>
<child_name>Cecilie</child_name>
</person>
```

4.2.4 element 元素声明中的全局类型与局部类型

全局类型一般是作为“schema”元素的直接节点的声明元素。声明为全局类型的元素可以在整个 XML 文档中使用，而声明为局部类型的元素只能在指定的上下文中引用。

```
<xs:element name="图书">
<xs:complexType>
<xs:sequence>
<xs:element name="书名" type="xs:string"/>
<xs:element name="作者" type="xs:string"/>
<xs:element name="主要内容" type="xs:string"/>
<xs:element name="出版社" type="xs:string"/>
</xs:sequence>
</xs:complexType>
</xs:element>
```

此例中的“图书”元素是一个全局类型的元素。而“书名”“作者”“主要内容”“出版社”是局部类型的元素，它们的声明只在 <xs:sequence> 中有效，不能在文档的其他地方重用。

想一想：请指出下例文档中的全局类型元素和局部类型元素。

```
<xs:element name="小动物">
<xs:complexType>
<xs:sequence minOccurs="0" maxOccurs="unbouned>
<xs:element name="猫" type="xs:string"/>
<xs:element name="狗" type="xs:string"/>
</xs:sequence>
</xs:complexType>
```

```
</xs:element>
```

4.2.5 element 元素声明中的引用

对 XML Schema 中引用已经定义好的元素需要通过“ref”来实现。

对“ref”的引用如下所示：

```
<xs:element name="猫" type="xs:string"/>
<xs:element name="狗" type="xs:string"/>
<xs:element name="小动物">
<xs:complexType>
<xs:choice minOccurs="0" maxOccurs="unbounded>
<xs:element ref="猫" />
<xs:element ref="狗" />
</xs:choice>
</xs:complexType>
</xs:element>
```

首先声明了局部类型的元素“猫”和“狗”，在后面的内容中可通过<xs:element ref="猫" />和<xs:element ref="狗" />的语句来引用。值得注意的是：<xs:choice minOccurs="0" maxOccurs="unbounded>语句规定了“猫”和“狗”只能选择一个。

该例对应的 XML 文档如下：

```
<小动物>
<猫>波斯猫</猫>
</小动物>
```

例 4-3 声明并应用局部类型元素“学生”示例。

```
<? xml version="1.0" encoding="utf-8" ?>
<xs:schema xmlns:xs="http://www.w3.org/2001/XMLSchema">
<xs:element name="学生" maxOccurs="unbounded">
<xs:complexType>
<xs:sequence>
  <xs:element name="姓名" type="xs:string"/>
  <xs:element name="成绩单">
  <xs:complexType>
  <xs:sequence>
  <xs:element name="语文" type="xs:float"/>
<xs:element name="数学" type="xs:float"/>
<xs:element name="英语" type="xs:float"/>
<xs:element name="综合" type="xs:float"/>
</xs:sequence>
</xs:complexType>
</xs:element>
```

```
</xs:sequence>
</xs:complexType>
</xs:element>
<xs:element name="成绩统计" ref="学生" />
</xs:schema>
```

在文档中的“成绩统计”元素里，引用了对“学生”的声明。

对应的 XML 文档如下：

```
<成绩统计>
<学生>
<姓名>周瑜</姓名>
<成绩单>
<语文>89</语文>
<数学>88</数学>
<英语>87</英语>
<综合>90</综合>
</成绩单>
</学生>
<学生>
<姓名>张智</姓名>
<成绩单>
<语文>67</语文>
<数学>99</数学>
<英语>78</英语>
<综合>90</综合>
</成绩单>
</学生>
</成绩统计>
```

4.3 Schema 属性声明

4.3.1 属性的声明

XML Schema 中的属性声明用于命名元素的属性，具体的实现是使用 attribute 关键字。属性的使用语法如下：

```
<xs:attribute name="学号" type="xs:string"/>
```

该例定义了一个属性，名称为“学号”，数据类型为字符型，对应的 XML 文档：

```
<学生 学号="05010011">
```

其他可选择的属性声明还包含以下几种。

use：用于指明属性的使用方式。取值为“optional”时表示该属性值可有可无，取值为

“required”时表示该属性值必须出现，取值为“prohibitrd”时表示该属性值不能出现。

default：用于设置属性值为默认值。

fixed：用于设置属性值为固定值。

值得注意的是：包含属性的元素是一个复杂类型的元素，如下例。

```
<xs:element name="学生">
<xs:complexType>
<xs:attribute name="num" type="xs:string" use="required"/>
```

其中语句 use="required"指示属性是必须出现的。

常用的属性类型如下。

xs:string 字符串；

xs:decimal 小数；

xs:integer 整数；

xs:boolean 逻辑值；

xs:date 日期；

xs:time 时间。

4.3.2 属性的固定值与默认值

对于 XML Schema 中的属性可以设置固定值“fixed”和默认值“default”，值得注意的是：固定值和默认值只能选择一个。例如：

```
<xs:attribute name="lang" type="xs:string" default="EN"/>
```

此例对属性“lang”使用了默认值“EN”。又如：

```
<xs:attribute name="lang" type="xs:string" fixed="EN"/>
```

此例对属性“lang”使用了固定值“EN”。

例 4-4 声明属性中的默认值示例。

```
<xs:element name="CPU">
<xs:complexType>
<xs:sequence>
<xs:element name="型号" type="xs:string" />
<xs:element name="价格" type="xs:string" />
  </xs:sequence>
  </xs:complexType>
  <xs:attribute name="品牌" type="xs:string" use="xs:required" default="IBM"/>
  </xs:element>
```

该例声明了一个元素“CPU”，它是复杂类型，包含两个子元素“型号”和“价格”，以及一个属性“品牌”，并对属性“品牌”设置默认值为“IBM”。

对应的 XML 文档如下：

```
<CPU 品牌="IBM">
```

```
<型号>i7</型号>
<价格>1200</价格>
</CPU>
```

4.4 Schema 的数据类型

XML Schema 最大的特点是数据类型丰富，扩展性强，除了基本数据类型之外，用户还可以自定义其他数据类型。

Schema 的数据类型

4.4.1 基本数据类型

XML Schema 提供的基本数据类型如表 4-1 所示。

表 4-1 基本数据类型

数据类型	定义
string	字符数据
int	表示从 -2,147,483,648 到 2,147,483,648 之间一个整数
decimal	表示任意精度的十进制数字
boolean	表示布尔型，可以是 1（true）或者 0（false）
short	表示从 -32768 到 32767 之间的一个整数
dateTime	表示日期时间型，格式：CCYY - MM - DDThh：mm：ss
float	标准的 32 位浮点数
time	时间型
double	双精度 64 位浮点数
nonNegativeInteger	表示大于或者等于 0 的一个整数
nonPositiveInteger	表示小于或者等于 0 的一个整数

除此之外，还可以取来自于面对对象技术中的语言类型，如“token”，源自 string，包含字符。

数据类型的应用示例如下：

```
<xs:element name="name">
  <xs:complexType>
  <xs:sequence>
  <xs:element name="first" type="xs:string" />
  <xs:element name="middle" type="xs:string" />
  <xs:element name="last" type="xs:string" />
  </xs:sequence>
  <xs:attribute name="local" type="xs:boolean" />
  </xs:complexType>
  </xs:element>
```

该例声明了一个复杂元素“name”，其中包含 3 个子元素“first”“middle”“last”，用“string”定义数据类型；在属性“name”中用“boolean”定义数据类型为“布尔型”。

该声明对应的 XML 文档如下：

```
<name local="true">
<first>wang</first>
<middle>xiao</middle>
<last>feng</last>
</name>
```

4.4.2 自定义数据类型

Schema 自定义数据类型

1. 自定义简单类型

在 XML Schema 中，除了上述的基本数据类型外，用户还可以自行定义简单类型。通常的方法是通过重新约束一个现存的简单类型来引出一个新的简单类。一般使用 simpleType 来定义新的简单类型，使用 restriction 确定限制条件。语法如下：

```
<xs:simpleType name="自定义名称">
<xs:restriction base="数据类型">
</xs:restriction>
</xs:simpleType>
```

simpleType 有以下 3 种应用方式。

- restriction：限定一个范围。
- list：从列表中选择。
- union：包含一个值的结合。

值得注意的是：simpleType 不能包含元素，也不能有属性，根据在 simpleType 中定义的规则，它是一个值或者是一个值的集合。

如下例所示：

```
<xs:element name="信号灯颜色">
<xs:simpleType>
<xs:restriction base="xs:string">
   <xs:enumeration value="红"/>
   <xs:enumeration value="绿"/>
   <xs:enumeration value="黄"/>
</xs:restriction>
</xs:simpleType>
</xs:element>
```

该例定义的信号灯颜色是一个字符串类型，但它的值只能是红、绿或者黄中的一个。

对应的 XML 文档：

```
<信号灯颜色>红</信号灯颜色>
```

值得注意的是，该例也可以这样写：

```
<xs:simpleType>
<xs:restriction base="xs:string">
<xs:enumeration value="红" />
<xs:enumeration value="绿" />
<xs:enumeration value="黄" />
</xs:restriction>
</xs:simpleType>
```

这样书写因为数据类型没有用 name 属性来命名，所以是一个匿名的数据类型，只能用在 XML 文档的语句内部，用来定义当前的元素或属性。

想一想：上例写成如下的 XML 文档合法吗?

```
<信号灯颜色>蓝</信号灯颜色>
```

在定义简单类型时，都是通过 restriction 元素来定义限制条件，通过 base 属性来规定一种基类的类型。虽然从内置数据类型中得到了许多的功能，但是在多数情况下，只用基类数据类型来限制数据的值是远远不够的。

表 4-2 给出了 XML Schema 提供的约束元素。

表 4-2　约束元素

元　素	定　义
length	元素内容的长度单位
minExclusive	下限值，所有的值都必须大于该值
maxExclusive	上限值，所有的值都应该小于该值
fractionDigit	指定小数点后的最大位数
minLength	长度单位的最小数
maxLength	长度单位的最大数
minInclusive	内容最小值，所有的值都应该大于或者等于该值
maxInclusive	内容最大值，所有的值都应该小于或者等于该值
pattern	数据类型的值必须匹配的指定模式，pattern 值必须是一个正则表达式
totalDigits	指定小数最大位数的值
enumeration	用空格分开的一组指定的数值，把数据类型约束为指定的值

例如：

```
<xs:element name="mail">
<xs:simpleType>
<xs:restriction base="xs:string">
<xs:minLength value="2" />
<xs:maxLength value="12" />
</xs:restriction>
```

```
</xs:simpleType>
</xs:element>
```

定义元素“mail”，数据类型为“string”，并通过“minLength”将字符串最小长度限定为2个字符，通过“maxLength”将字符串最大长度限定为12个字符。

练一练：在一个班级的学生名单中，学生的个数最小值为1，最大值为70，请给出对应的声明语句及XML文档。

练一练：将一个整数的取值范围设置为1～100。

- 创建自定义数据类型，用枚举选择重庆的地区之一。

```
<xs:element name="重庆地区">
<xs:simpleType>
<xs:restriction base="xs:string">
<xs:enumeration value="渝中区"/>
<xs:enumeration value="江北区"/>
<xs:enumeration value="渝北区"/>
<xs:enumeration value="南岸区"/>
<xs:enumeration value="大渡口区"/>
<xs:enumeration value="沙坪坝区"/>
</xs:restriction>
</xs:simpleType>
</xs:element>
```

对应的XML文档：

```
<重庆地区>江北区</重庆地区>
```

或者：

```
<重庆地区>渝中区</重庆地区>
```

练一练：① 定义一个元素“人”，它的性别只能在“男”或“女”中选择。

② 定义一个元素“书籍”，它的类型只能在“小说”“散文”“武侠”“纪实”中选择。

③ 定义一个元素“鞋子尺码”，它的大小只能在“35”“36”“37”“38”中选择。

- 创建自定义数据类型，声明书本的订购数量，最少100，最多500。

```
<xs:element name="booknum">
<xs:simpleType>
<xs:restriction base="xs:integer">
<xs:minInclusive value="100"/>
<xs:maxInclusive value="500"/>
</xs:restriction>
</xs:simpleType>
</xs:element>
```

练一练：① 定义一个元素“午餐种类”，其中午餐种类数量最少3，最多9。

② 定义一个元素“银行存款”，其中存款数目最少10，最多90000000。

③ 定义一个元素“人的年龄”，其中年龄最少 1，最多 200。

• 创建自定义数据类型，声明该数据类型由字母 x ~ z 构成。

```
<xs:element name = " word " >
<xs:simpleType >
<xs:restriction base = "xs:string" >
<xs:pattern value = "[x - z]"/>
</xs:restriction >
</xs:simpleType >
</xs:element >
```

该例用 pattern 给出了需要匹配的数据模式为“[x - z]”的字符。

表 4-3 给出了 XML Schema 提供的正则表达式，XML Schema 可以通过使用正则表达式提高匹配文本的效率。

表 4-3　正则表达式

正则表达式	说　明
\ d	“\ d”代表一个数字
*	“*”代表任意的字符
[ ]	“[ ]”内的字符只能取其一
{ }	“{ }”指定字符的个数
+	“+”表示前一个字符至少出现一次
-	“-”表示一个范围
?	“?”表示前一个字符可出现 0 次或 1 次

• 创建自定义数据类型，声明“身份证”。该数据类型由 18 位数字 0 ~ 9 构成。

```
<xs:element name = "IDcard" >
<xs:simpleType >
<xs:restriction base = "xs:string" >
<xs:pattern value = "[0-9] [0-9] [0-9] [0-9] [0-9] [0-9] [0-9] [0-9]
[0-9] [0-9] [0-9] [0-9] [0-9] [0-9] [0-9] [0-9] [0-9] [0-9]"/>
</xs:restriction >
</xs:simpleType >
</xs:element >
```

• 创建自定义数据类型，声明“电话号码”。该数据类型由“*** - ********”组成，如“023 - 67670011”。

```
<xs:element name = "电话号码" >
<xs:simpleType >
<xs:restriction base = "xs:string" >
<xs:pattern value = "\d{3} - d{8}"/>
</xs:restriction >
```

```
</xs:simpleType>
</xs:element >
```

其中“\d”表示数字，前面是3位，后面是8位，中间用“—”来连接。

- 创建自定义数据类型，声明“密码”。该数据类型由“ ********* ”组成，如“abc123456”。

```
<xs:element name="密码">
<xs:simpleType>
<xs:restriction base="xs:string">
<xs:pattern value=" ="[a-z]{3}[0-9]{6}"/>"/>
</xs:restriction>
</xs:simpleType>
</xs:element>
```

其中“[a-z]{3}”表示字母，位数是3位，[0-9]{6}表示数字，位数是6位。

- 创建自定义数据类型，声明“密码”。该数据类型由6位字符构成。

```
<xs:element name="password">
<xs:simpleType>
<xs:restriction base="xs:string">
<xs:length value="6" fixed="true"/>
</xs:restriction>
</xs:simpleType>
</xs:element >
```

该例将密码长度设置为6位，并设置固定值，以防止长度不是6。

练一练：定义一个元素“QQ号”，由10位字符组成。

- 创建自定义数据类型，使用“list”列表来声明整数。

```
<xs:element name="values" type="valuelist">
<xs:simpleType id="valuelist">
<xs:list itemType="xs:integer"/>
</xs:simpleType>
</xs:element>
```

在该例中valuelist类型定义为一个integer的列表，元素values的值可以是几个整数。值得注意的是：列表声明中没有使用restriction元素。

对应的XML文档如下：

```
<values>10 20 30 40 </values>
```

该列表中有4个列表项，每个列表项之间用空格符号来隔开。

- 创建自定义数据类型，声明元素“水果”，该数据类型从列表中选择。

```
<xs:element name="水果列表">
<xs:simpleType>
```

```
<xs:list itemType="水果类型"/>
</xs:simpleType>
</xs:element>
<xs:simpleType name="水果类型">
<xs:restriction base="xs:string">
<xs:enumeration value="西瓜"/>
<xs:enumeration value="葡萄"/>
<xs:enumeration value="桃子"/>
<xs:enumeration value="梨子"/>
<xs:enumeration value="龙眼"/>
</xs:restriction>
</xs:simpleType>
```

该例声明了一个元素“水果列表”，水果值从列表“水果类型”中选择，对应的 XML 文档如下：

```
<水果列表>梨子</水果列表>
```

或者：

```
<水果列表>西瓜</水果列表>
```

- 创建自定义数据类型，声明元素 union 表示联合类型，它所定义的元素或属性可以含有多个原子值。如下例：

```
<xs:element name="字体">
  <xs:simpleType>
  <xs:union memberTypes="颜色 大小"/>
  </xs:simpleType>
  </xs:element>
  <xs:simpleType name="颜色">
     <xs:restriction base="xs:string">
    <xs:enumeration value="黑色"/>
    <xs:enumeration value="白色"/>
    <xs:enumeration value="黄色"/>
    </xs:restriction>
    </xs:simpleType>
  <xs:simpleType name="大小">
  <xs:list itemType="size"/>
  </xs:simpleType>
  <xs:simpleType name="size">
  <xs:restriction base="xs:string">
  <xs:enumeration value="12px"/>
  <xs:enumeration value="14px"/>
  <xs:enumeration value="18px"/>
  </xs:restriction>
```

```
</xs:simpleType>
```

该例声明了一个联合类型“颜色 大小”，其中可以出现“颜色”的元素类型，也可以出现“大小”的颜色类型。

对应的 XML 文档如下：

```
<字体>黑色</字体>
```

或者：

```
<大小>12px</大小>
```

2. 自定义属性类型

当元素的属性需要限制条件的时候，可以自行创建属性的声明。自定义属性的声明与元素声明类似，不同的是包含属性的元素是一个复杂类型的元素，应使用 complexType 来描述。如下例：

```
<xs:element name="学生">
<xs:complexType>
<xs:attribute name="学号" type="xs:string" use="required"/>
</xs:complexType >
</xs:element >
```

对应的 XML 文档如下：

```
<学生 num="05010011">张梅</学生>
```

- 创建自定义数据类型，声明地址元素中的属性“邮编”，该数据类型由 6 位字符构成，如 zip = "400021"。

```
<xs:element name="地址" >
<xs:complexType>
  <xs:attribute name="邮编" use="required">
  <xs:simpleType>
  <xs:restriction base="xs:string" >
  <xs:pattern value="[0-9][0-9][0-9][0-9][0-9][0-9]"/>
  </xs:restriction>
  </xs:simpleType>
  </xs:attribute>
  </xs:complexType>
  </xs:element >
```

其中，“邮编”是一个简单类型的声明而“地址”是一个复杂类型的声明。

对应的 XML 文档如下：

```
<地址 邮编="400021">重庆江北区大石坝红石路</地址>
```

- 创建自定义数据类型，声明学生元素中的属性“系别”，该属性值只能在“计算机系”“管理系”“机械系”“外语系”中选择。

```
<xs:element name = "学生"  >
<xs:complexType >
<xs:attribute name = "系别" use = "required" >
<xs:simpleType >
<xs:restriction base = "xs:string" >
<xs:enumeration value = "计算机系"/ >
<xs:enumeration value = "管理系"/ >
<xs:enumeration value = "机械系"/ >
<xs:enumeration value = "外语系"/ >
</xs:restriction >
</xs:simpleType >
</xs:attribute >
</xs:complexType >
</xs:element  >
```

对应的 XML 文档如下：

```
<学生 系别 = "计算机系" >陈晨</学生>
```

下列的 XML 是不合法的：

```
<学生 系别 = "社科系" >陈晨</学生>
```

练一练：创建一个元素学生，该元素包含属性“学号”，其中学号的数据类型由 8 位字符组成。

```
<xs:element name = "学生"  >
<xs:complexType >
<xs:attribute name = "学号"   type = "学号类型" use = "required" >
<xs:simpleType >
<xs:restriction base = "xs:string" >
<xs:pattern value = "[0-9][0-9][0-9][0-9][0-9][0-9][0-9][0-9]"/ >
</xs:restriction >
</xs:simpleType >
</xs:attribute >
</xs:complexType >
</xs:element  >
```

- 创建自定义数据类型，声明元素蛋糕，该元素包含属性“生产日期”。

```
<xs:element name = "蛋糕"  >
<xs:complexType >
<xs:attribute name = "生产日期" type = "xs:dateTime" use = "required" >
</xs:attribute >
</xs:complexType >
</xs:element  >
```

• 创建自定义数据类型，声明元素鞋子，该元素包含属性“号码”，该数据类型只能在“34”“35”“36”“37”“38”“39”“40”“41”“42”“43”“44”中选择。

```
<xs:element name = "鞋子" >
<xs:complexType >
<xs:attribute name = "号码"   type = "鞋子类型" use = "required" >
<xs:simpleType >
<xs:restriction base = "xs:string" >
<xs:enumeration value = "34"/ >
<xs:enumeration value = "35"/ >
<xs:enumeration value = "36"/ >
<xs:enumeration value = "37"/ >
<xs:enumeration value = "38"/ >
<xs:enumeration value = "39"/ >
<xs:enumeration value = "40"/ >
<xs:enumeration value = "41"/ >
<xs:enumeration value = "42"/ >
<xs:enumeration value = "43"/ >
<xs:enumeration value = "44"/ >
</xs:restriction >
</xs:simpleType >
</xs:attribute >
</xs:complexType >
</xs:element >
```

对应的合法 XML 文档如下：

```
<鞋子 号码 = "38" >运动鞋</鞋子>
```

下列的文档是不合法的：

```
<鞋子 号码 = "32" >运动鞋</鞋子>
```

练一练：创建一个元素笔记本，该元素包含属性“品牌”，该数据值只能在“华硕”“联想”“苹果”中选择。

例 4-5 声明了完整的自定义属性的 XML Schema 文档示例。

```
<? xml version = "1.0"? >
<xs:schema xmlns:xs = "http://www.w3.org/2001/XMLSchema"
targetNamespace = "http://www.w3school.com.cn"
xmlns = "http://www.w3school.com.cn"
elementFormDefault = "qualified" >
   <xs:element name = "学生" >
   <xs:complexType >
   <xs:attribute name = "姓名" type = "xs:string" use = "required"/ >
   <xs:attribute name = "系别" type = "系别列表" use = "required"/ >
```

```
<xs:attribute name="政治面貌" type="政治面貌列表" use="required"/>
</xs:complexType>
</xs:element>
<xs:simpleType name="系别列表">
<xs:restriction base="xs:string">
  <xs:enumeration value="中文系"/>
  <xs:enumeration value="计算机科学系"/>
  <xs:enumeration value="化学系"/>
  <xs:enumeration value="管理系"/>
  <xs:enumeration value="数学系"/>
  </xs:restriction>
</xs:simpleType>
<xs:simpleType name="政治面貌列表">
<xs:restriction base="xs:string">
<xs:enumeration value="群众"/>
<xs:enumeration value="党员"/>
<xs:enumeration value="团员"/>
</xs:restriction>
</xs:simpleType>
</xs:schema>
```

对应的 XML 文档：

```
<?xml version="1.0" encoding="utf-8"?>
<学生 xmlns:xsi="http://www.w3.org/2001/XMLSchema-instance"
  xsi:noNamespaceSchemaLocation="4-5.xsd">
  <学生信息 姓名="王鹏" 系别="计算机科学系" 政治面貌="团员">男</学生信息>
</学生>
```

该例对“学生”元素中的属性“系别”和“政治面貌”分别作了自定义声明。其中“系别”属性用 type="系别列表"定义，并给出了枚举实现。对“政治面貌”属性用 type="政治面貌列表"定义，也用枚举来实现其取值。

在浏览器中打开如图 4-2 所示。

```
<?xml version="1.0" encoding="utf-8" ?>
- <学生 xmlns:xsi="http://www.w3.org/2001/XMLSchema-instance" xsi:noNamespaceSchemaLocation="4-5.xsd">
    <学生信息 姓名="王鹏" 系别="计算机科学系" 政治面貌="团员" />
  </学生>
```

图 4-2　自定义属性验证的 XML 文档

练一练：声明一个元素“汽车”，它包含 3 个属性：“品牌”“排量”和“价格”，其中品牌必须在“福特”“大众”“丰田”和“标致”中选择；“排量”必须在“1.0”“1.5”“2.0”中选择；“价格”必须在“10 万元下”和“10 万元以上”中选择。例如：

```
<汽车 品牌="大众" 排量="1.5" 价格="10万元以上"/>
```

4.4.3 复杂类型元素的声明

Schema 复杂元素声明

1. complexType 类型的声明

复杂类型的元素可以包含子元素和属性，对这类元素要使用 complexType 来声明其数据类型，使用 attribute 来声明其属性。同简单类型的元素一样，复杂类型的元素也是由用户自行创建各种不同的数据类型。

语句格式如下：

```
<xs:element name="元素名">
<xs:complexType>
<xs:sequence>
<xs:element name="子元素 1" type="数据类型"/>
<xs:element name="子元素 2" type="数据类型"/>
</xs:sequence>
</xs:complexType>
</xs:element>
```

说明：

- <xs:element name="元素名">指明了要创建元素的名称。
- <xs:complexType>指明该元素是一个复杂类型。
- <xs:sequence>指明该元素中子元素按照顺序来排列。
- <xs:element name="子元素 1" type="数据类型"/>声明第一个子元素及数据类型，该数据类型可自行创建，同下。
- <xs:element name="子元素 2" type="数据类型"/>声明第二个子元素及数据类型。
- </xs:sequence>封闭标记。
- </xs:complexType>封闭标记。
- </xs:element>封闭标记。

如下例声明了一个复杂类型元素“电脑”，它包含两个子元素“CPU”和“主板”，其中“CPU”用 type="CPU 类型"自定义，“主板”用 type="主板类型"自定义。

```
<电脑>
<CPU 品牌="INTEL">
<型号>i7</型号>
<价格>1200</价格>
  </CPU>
  <主板 品牌="华硕">
  <型号>A5</型号>
    <价格>520</价格>
  </主板>
  </电脑>
```

对应的 Schema 文档如下：

```
<? xml version="1.0"? >
```

```
<xs:schema xmlns:xs="http://www.w3.org/2001/XMLSchema">
<xs:element name="电脑">
  <xs:complexType>
  <xs:sequence>
  <xs:element name="CPU" type="CPU类型" />
  <xs:element name="主板" type="主板类型"/>
  </xs:sequence>
  </xs:complexType>
  </xs:element>
  <xs:element name=" CPU类型">
  <xs:complexType>
    <xs:sequence>
    <xs:element name="型号" type="xs:string"/>
    <xs:element name="价格" type="xs:string" />
    </xs:sequence>
    </xs:complexType>
    <xs:attribute name="品牌" type="xs:string" use="xs:required"/>
  </xs:element>
    <xs:element name="主板类型">
    <xs:complexType>
      <xs:sequence>
    <xs:element name="型号" type="xs:string"/>
    <xs:element name="价格" type="xs:string" />
    </xs:sequence>
    </xs:complexType>
    <xs:attribute name="品牌" type="xs:string" use="xs:required"/>
    </xs:element>
    </xs:schema>
```

练一练：书写一个复杂类型的元素“学生”，它包含两个子元素“姓名”和“专业”，以及一个属性“学号”。

2. 混合内容的声明

在声明复杂类型的元素时，有以下几种声明方式：

（1）简单内容的声明

简单内容只允许有字符数据，没有子元素，它的声明如下：

```
<xs:complexType name="学生">
<xs:simpleContent>
<xs:extension base="xs:string">
<xs:attribute name="学号" base="xs:token">
<xs:extension />
</xs:simpleContent>
</xs:complexType>
```

对应的 XML 文档如下：

```
<学生 学号 = "05010011" >张明</学生>
```

（2）混合内容的声明

混合内容既可以有子元素，又可以有字符数据，要在 Schema 中使用混合内容，需要在 complexType 声明中插入 mixed 属性，并赋值"true"。它的声明如下：

```
<xs:element name = "红楼梦" >
<xs:complexType mixed = "true" >
<xs:element name = "第一章" />
<xs:element name = "第二章" />
</xs:complexType>
</xs:element>
```

对应的 XML 文档：

```
<红楼梦>描述了贾宝玉和林黛玉的爱情故事以及大家族的没落
<第一章>甄士隐梦幻识通灵</第一章>
<第二章>贾夫人仙逝扬州城</第二章>
</红楼梦>
```

该例把元素"红楼梦"声明为混合内容，因此在它包含的元素内容里都可以插入文本内容。

（3）空内容的声明

空内容既没有文本内容也没有子元素，它的声明如下：

```
<xs:element name = "img" >
<xs:complexType>
</xs:complexType>
</xs:element >
```

该例声明了空内容"img"，它用在实例文档时，必须是空元素，不能有任何子元素和文本内容，声明如下：

```
<img / >
```

可以为空内容指定属性，声明如下：

```
<xs:element name = "img" >
<xs:complexType>
<xs:attribute name = "src" type = "xs:string" />
</xs:complexType>
</xs:element >
```

书写如下：

```
<img src = "time.jig" / >
```

3. 组合器控制的声明

XML Schema 提供了一种允许文档内容结构化的组成方式，称为组合模型，它主要包含以下 3 种方法。

- sequence：表示元素出现的顺序。
- choice：表示列表中的元素只能出现一个。
- all：表示元素可以以任意顺序出现，每个子元素出现 0 或者 1 次。

1）. sequence 元素。规定元素出现的次数必须按以下顺序，声明如下：

```
<xs:element name="商品">
  <xs:complexType>
  <xs:sequence>
  <xs:element name="商品名称" type="xs:string"/>
<xs:element name="商品型号" type="xs:string"/>
<xs:element name="产地" type="xs:string"/>
</xs:sequence>
</xs:complexType>
</xs:element>
```

表示在 XML 文档中必须依次出现“商品名称”“商品型号”和“产地”。

对应的 XML 文档如下：

```
  <商品>
<产地>广州</产地>
<商品名称>足球</商品名称>
<商品型号>5 号</商品型号>
</商品>
```

练一练：声明一个复杂元素“图书”，它包含 3 个子元素“书名”“作者”和“出版社”，要求子元素按以上的顺序出现。

2）. choice 元素。规定元素只能在列表中选择一个，声明如下：

```
<xs:element name="图书">
<xs:complexType>
<xs:choice minOccurs="0" maxOccurs="unbounded>
<xs:element name="科技书" type="xs:string"/>
<xs:element name="历史书" type=" xs:string "/>
</xs:choice>
</xs:complexType>
</xs:element>
```

表示在 XML 文档中只能出现“科技书”和“历史书”其一，并且子元素出现的最大次数不受限制。

对应的 XML 文档如下：

```
<图书>
```

```
<历史书>万历十五年</历史书>
<历史书>清史</历史书>
<历史书>三国志</历史书>
</图书>
```

以下的 XML 文档是不合法的：

```
<图书>
<历史书>万历十五年</历史书>
<科技书>黑洞的起源</科技书>
</图书>
```

想一想：对于下列的声明，该怎样书写 XML 文档？

```
<xs:element name="员工">
<xs:complexType>
<xs:choice>
  <xs:element name="男性" type=" xs:string "/>
  <xs:element name="女性" type=" xs:string "/>
  </xs:choice>
  </xs:complexType>
</xs:element>
```

练一练：使用 choice 自定义中国的省市，至少包含 5 个。

```
<xs:element name="城市">
<xs:complexType>
<xs:choice>
<xs:element name="上海" type="xs:string"/>
<xs:element name="重庆" type="xs:string"/>
<xs:element name="四川" type="xs:string"/>
<xs:element name="湖南" type="xs:string"/>
<xs:element name="山东" type="xs:string"/>
</xs:choice>
</xs:complexType>
</xs:element>
```

3）. all 元素。声明子元素可以按照任意次序出现，并且每个子元素只允许出现一次，声明如下：

```
  <xs:element name="图书">
<xs:complexType>
<xs:all>
<xs:element name="书名" type="xs:string"/>
<xs:element name="作者" type="xs:string"/>
<xs:element name="出版社" type="xs:string"/>
</xs:all>
```

```
</xs:complexType>
</xs:element>
```

在 XML 文档中，下列的书写都是合法的：

```
<图书>
<书名></书名>
<作者></作者>
<出版社></出版社>
</图书>
```

或者：

```
<图书>
<书名></书名>
<出版社></出版社>
<作者></作者>
</图书>
```

值得注意的是：用“all”声明的子元素的先后顺序是没有限制的。

练一练：为下面的 Schema 书写合法的 XML 文档。

```
<xs:element name="person">
<xs:complexType>
<xs:all>
<xs:element name="firstname" type="xs:string"/>
<xs:element name="lastname" type="xs:string"/>
</xs:all>
</xs:complexType>
</xs:element>
```

4. group 元素

group 元素表示将子元素分组，使其更有条理，声明如下：

```
<xs:group name="图书分组">
<xs:element name="武侠" type="xs:string"/>
<xs:element name="科幻" type="xs:string"/>
<xs:element name="言情" type="xs:string"/>
<xs:element name="历史" type="xs:string"/>
</xs:group>
<xs:element name="图书" >
<xs:complexType>
<xs:sequence>
<xs:group ref="图书分组"/>
</xs:sequence>
</xs:complexType>
</xs:element>
```

该例首先声明了一个 group 元素“分组”，定义该元素包含 4 个子元素“武侠”“科幻”“言情”和“历史”。再声明元素“图书”，“图书”元素包含的子元素为声明好的“图书分组”。在对应的 XML 文档中，“图书”元素包含的子元素“图书分组”中声明的 4 个子元素必须按照“武侠”“科幻”“言情”和“历史”的顺序出现。

```
<图书>
<武侠>倚天屠龙记</武侠>
<科幻>海底两万里</动物>
<言情>情深深雨蒙蒙</言情>
<历史>万历十五年</历史>
</图书>
```

5. attributeGroup 元素

attributeGroup 元素将一组属性声明组合在一起，以便被复合类型元素应用，声明如下：

```
<xs:attributeGroup name="我的图书分组">
<xs:attribute name="图书类别" type="xs:string" />
<xs:attribute name="图书作者" type="xs:string" />
</xs:attributeGroup>
<xs:complexType name="图书">
<xs:attributeGroup ref="我的图书分组"/>
</xs:complexType>
```

该例将属性“图书类别”和“图书作者”组合在一起，放在属性组“我的图书分组”里，方便被复合类型元素“图书”使用。

对应的 XML 文档如下：

```
<图书 图书类别="文学" 图书作者="曹雪芹">红楼梦</图书>
```

6. simpleContent 元素

simpleContent 元素只包含简单的内容（文本和属性），没有子元素，声明如下：

```
<xs:element name="图书">
<xs:complexType>
<xs:simpleContent>
<xs:extension base="xs:string">
<xs:attribute name="ISBN" type="xs:string"/>
</xs:extension>
</xs:simpleContent>
</xs:element>
```

对应的 XML 文档如下：

```
<图书 ISBN="978-3-123-567">三国演义</图书>
```

7. complexContent 元素

complexContent 元素只有子元素和属性，没有数据内容。声明如下：

```
<xs:element name="学生">
<xs:complexType>
<xs:complexContent>
<xs:extension base=" xs:string ">
<xs:attribute name="学号" type=" xs:string " use="required"/>
<xs:attribute name="性别" type=" xs:string " use="required"/>
<xs:attribute name="专业" type=" xs:string " use="optional"/>
<xs:attribute name="籍贯" type=" xs:string " use="optional"/>
</xs:extension>
</xs:complexContent>
</xs:complexType>
</xs:element>
```

该例首先声明一个复杂元素“学生”，又使用了 complexContent 元素，表示“学生”元素只能包含属性和子元素，不能有字符数据。

对应的 XML 文档如下：

```
<学生 学号="0403011"´性别="男" 专业="计算机" 籍贯="重庆"> </学生>
```

4.5 Schema 实例声明

Schema 运行

例 4-6 一个完整的 Schema 验证示例。

```
<? xml version="1.0" encoding="utf-8" ?>
<城市列表 xmlns:xsi="http://www.w3.org/2001/XMLSchema-instance"
xsi:noNamespaceSchemaLocation="4-8.xsd">
<城市 别名="雾都">
<名称>重庆</名称>
<级别>直辖市</级别>
<人口数目>三千万</人口数目>
</城市>
<城市 别名="蓉城">
<名称>成都</名称>
<级别>副省级</级别>
<人口数目>两千万</人口数目>
</城市>
</城市列表>
```

对应的 Schema 如下：

```
<? xml version="1.0" encoding="utf-8" ?>
<xs:schema xmlns:xs="http://www.w3.org/2001/XMLSchema">
<xs:element name="城市列表">
<xs:complexType>
```

```
<xs:sequence maxOccurs = "unbounded" >
<xs:element name = "城市" type = "城市类型"/ >
</xs:sequence >
</xs:complexType >
</xs:element >
<xs:element name = "城市类型" >
<xs:complexType >
<xs:sequence >
<xs:element name = "名称" type = "城市称呼" / >
<xs:element name = "级别" type = "城市级别" / >
<xs:element name = "人口数目" type = "xsd:string"/ >
</xs:sequence >
<xs:attribute name = "别名" type = " xsd:string " use = "required"/ >
</xs:complexType >
</xs:element >
<xs:simpleType name = "城市称呼" >
<xs:restriction base = "xsd:string" >
<xs:minLength value = "2" / >
<xs:maxLength value = "10" / >
</xs:restriction >
</xs:simpleType >
<xs:simpleType name = "城市级别" >
<xs:restriction base = "xsd:string" >
<xs:enumeration value = "直辖市" / >
<xs:enumeration value = "副省级" / >
<xs:enumeration value = "地级" / >
<xs:enumeration value = "县级" / >
</xs:restriction >
</xs:simpleType >
</xs:schema >
```

该例声明了一个根元素“城市列表”，是一个复杂元素，用 complexType 来声明。其中包含多个子元素“城市”。对于“城市”元素，它的个数不限，用 maxOccurs = "unbounded"语句来定义，并将其类型定义为“城市类型”。该元素包含 3 个子元素，分别是“名称”“级别”和“人口数目”以及一个属性“别名”。其中“名称”元素是一个自定义类型，用 simpleType 定义，声明了它的名称长度限制为 2 ~ 10 个字符数据。“级别”元素是一个自定义类型，声明了它的取值是一个枚举型，只能从“直辖市”“副省级”“地级”和“县级”中选取。元素“人口数目”是一个字符型，声明为“string”。

在浏览器中运行如图 4-3 与图 4-4 所示。

练一练：对该例的元素“城市”，再增加一个子元素“主导产业”，声明为自定义元素，其值从“农业”“制造业”“第三产业”“信息技术业”“旅游业”“金融业”中选择其一。

提示：在“城市类型”中增加如下语句：

```
<?xml version="1.0" encoding="utf-8" ?>
- <城市列表 xmlns:xsi="http://www.w3.org/2001/XMLSchema-instance" xsi:noNamespaceSchemaLocation="4-8.xsd">
  - <城市 别名="雾都">
      <名称>重庆</名称>
      <级别>直辖市</级别>
      <人口数目>三千万</人口数目>
    </城市>
  - <城市 别名="蓉城">
      <名称>成都</名称>
      <级别>副省级</级别>
      <人口数目>两千万</人口数目>
    </城市>
  </城市列表>
```

图 4-3　综合实例 XML 的运行

```
<?xml version="1.0" encoding="utf-8" ?>
- <xs:schema xmlns:xs="http://www.w3.org/2001/XMLSchema">
  - <xs:element name="城市列表">
    - <xs:complexType>
      - <xs:sequence maxOccurs="unbounded">
          <xs:element name="城市" type="城市类型" />
        </xs:sequence>
      </xs:complexType>
    </xs:element>
  - <xs:element name="城市类型">
    - <xs:complexType>
      - <xs:sequence>
          <xs:element name="名称" type="城市称呼" />
          <xs:element name="级别" type="城市级别" />
          <xs:element name="人口数目" type="xsd:string" />
        </xs:sequence>
        <xs:attribute name="别名" type="xs:string" use="required" />
      </xs:complexType>
    </xs:element>
  - <xs:simpleType name="城市称呼">
    - <xs:restriction base="xs:string">
        <xs:minLength value="2" />
        <xs:maxLength value="10" />
      </xs:restriction>
    </xs:simpleType>
  - <xs:simpleType name="城市级别">
    - <xs:restriction base="xs:string">
        <xs:enumeration value="直辖市" />
        <xs:enumeration value="副省级" />
        <xs:enumeration value="地级" />
        <xs:enumeration value="县级" />
      </xs:restriction>
    </xs:simpleType>
  </xs:schema>
```

图 4-4　综合实例 Schema 的运行

```
<xs:element name = "主导产业" type = "产业类别" />
```

再自定义“产业类别”：

```
<xs:simpleType name = "产业类别" >
<xs:restriction base = "xsd:string" >
<xs:enumeration value = "农业" />
```

```
<xs:enumeration value="制造业" />
<xs:enumeration value="第三产业" />
<xs:enumeration value="信息技术业" />
<xs:enumeration value="旅游业" />
<xs:enumeration value="金融业" />
</xs:restriction>
</xs:simpleType>
```

4.6 小结

XML Schema（XML 模式）是描述 XML 文档结构与组成的文档，它采用 XML 语句格式，按照预定义的规则对 XML 文档进行验证。

与 DTD 相比较，XML Schema 所使用的数据类型更加丰富，并且可以使用名称空间机制，对文档的约束能力更强。

XML Schema 的特点是扩展数据类型，其中主要使用自定义简单类型和复杂类型两种。对于自定义数据可以通过从现有的简单类型引出新的定义，使用 simpleType 来命名。对于复杂类型主要使用 complexType 创建元素的结构及书写顺序。

XML Schema 的引用要在 XML 文档和 Schema 文档中都给出相应的名称空间，以表示该文档的唯一性。

XML Schema 的应用前景十分远大，并有取代 DTD 的趋势，国际上的知名企业和组织都十分支持 XML Schema 的开发与运用。

4.7 实训

1. 实训目的

通过本章实训了解 XML Schema 文档的结构和书写方式，掌握 XML Schema 文档的验证方式。

2. 实训内容

1）创建电话联系人信息的 XML 文档，并用 Schema 来验证。XML 文档代码如下：

```
<?xml version="1.0"?>
<电话联系人 xmlns:xsi="http://www.w3.org/2001/XMLSchema-instance"
  xsi:noNamespaceSchemaLocation="实训 1.xsd">
  <联系人>
  <姓名>王雪</姓名>
  <地址>重庆</地址>
  <工作单位>重庆石油公司</工作单位>
  <联系人分类>同学</联系人分类>
  <联系电话>
<手机>15115111234</手机>
</联系电话>
```

```
</联系人>
<联系人>
<姓名>张璐</姓名>
<地址>北京</地址>
<工作单位>北京移动</工作单位>
<联系人分类>同学</联系人分类>
<联系电话>
<手机>1389909078</手机>
</联系电话>
</联系人>
<联系人>
  <姓名>王飞</姓名>
  <地址>上海</地址>
  <工作单位>上海电信</工作单位>
  <联系人分类>亲戚</联系人分类>
  <联系电话>
<手机>1389012345</手机>
</联系电话>
</联系人>
<联系人>
  <姓名>王翰</姓名>
  <地址>重庆</地址>
  <工作单位>重庆市政府</工作单位>
  <联系人分类>同事</联系人分类>
  <联系电话>
<座机>023-63871234</座机>
</联系电话>
</联系人>
  </电话联系人>
```

对应的 XML Schema 验证文档如下，名称为“实训 1. xsd”：

```
<?xml version="1.0"?>
<xs:schema xmlns:xs="http://www.w3.org/2001/XMLSchema">
  <xs:element name="电话联系人">
  <xs:complexType>
<xs:sequence maxOccurs="uunbounded">
  <xs:element name="联系人" type="联系人信息"/>
</xs:sequence>
  </xs:complexType>
</xs:element>
<xs:element name="联系人信息">
  <xs:complexType>
  <xs:sequence>
```

```
<xs:element name="姓名"type="xs:string"/>
<xs:element name="地址"type="xs:string"/>
<xs:element name="工作单位"type="xs:string"/>
  <xs:element ref="联系人分类"/>
  <xs:element ref="联系电话"/>
  </xs:sequence>
  </xs:complexType>
  </xs:element>
  <xs:element name="联系电话">
    <xs:complexType>
    <xs:sequence>
    <xs:choice>
    <xs:element name="手机"type="xs:string"/>
    <xs:element name="座机"type="xs:string"/>
    </xs:choice>
    </xs:sequence>
    </xs:complexType>
  </xs:element>
<xs:element name="联系人分类">
<xs:simpleType>
<xs:restriction base="xs:string">
<xs:enumeration value="同学"/>
<xs:enumeration value="同事"/>
<xs:enumeration value="亲戚"/>
<xs:enumeration value="家人"/>
<xs:enumeration value="社会朋友"/>
</xs:restriction>
</xs:simpleType>
</xs:element>
</xs:schema>
```

2）小张所在的学校要创建学生管理系统，使用电子文档格式进行保存和数据传输，请书写 XML Schema 来验证下列的 XML 文档。

```
<?xml version="1.0"?>
<学生名册>
<学生 学号="1">
<姓名>张三</姓名>
<性别>男</性别>
<年龄>20</年龄>
</学生>
<学生 学号="2">
<姓名>李四</姓名>
<性别>女</性别>
```

```
<年龄>19</年龄>
</学生>
<学生 学号="3">
<姓名>王二</姓名>
<性别>男</性别>
<年龄>21</年龄>
</学生>
</学生名册>
```

3）根据给出的 XML 文件，编写一份有效的 Schema 文档并运行。注意，其中专业的选择只能在枚举中出现。

```
<? xml version="1.0" encoding="gb2312"? >
<研究生名单>
<研究生>
<学号>2016001</学号>
<姓名>王红</姓名>
<专业>计算机系</专业>
</研究生>
<研究生>
<学号>2016002</学号>
  <姓名>李玉</姓名>
  <专业>管理系</专业>
  </研究生>
  <研究生>
  <学号>2016101</学号>
  <姓名>张飞</姓名>
  <专业>电子系</专业>
  </研究生>
  </研究生名单>
```

4）淘宝商品一般包含多种信息，如商品名称、商品价格以及买家的各种信息，请分析后写出对应的 XML 文档和 Schema 验证文档并运行。

```
<淘宝商品>
<商品 编号="001">
<名称>XML 基础教程</名称>
<描述>教科书,北京大学出版社</描述>
<价格>30.00</价格>
<买家信息>
<姓名>张荣</姓名>
<地址>重庆江北区</地址>
<电话>13998712321</电话>
</买家信息>
<库存信息>200 本</库存信息>
```

```
</商品>
<商品 编号="002">
<名称>男装 衬衫</名称>
<描述>红色男士衬衫<描述>
<价格>80.00</价格>
<买家信息>
<姓名>田雨</姓名>
<地址>北京朝阳区</地址>
<电话>13998745671</电话>
</买家信息>
<库存信息>20 件</库存信息>
</商品>
<商品 编号="003">
<名称>手机</名称>
<描述>苹果手机 iphone6</描述>
<价格>4000.00</价格>
  <买家信息>
  <姓名>王宇</姓名>
  <地址>重庆渝中区</地址>
  <电话>15111456111</电话>
  </买家信息>
  <库存信息>10 部</库存信息>
  </商品>
  </淘宝商品>
```

4.8 习题

1. 选择题

1）Schema 是指（　　）。

A. 模式　　B. DTD　　C. 实体　　D. 空间

2）complexType 表示（　　）。

A. 复杂类型　　B. 简单类型　　C. 元素　　D. 实体

3）simpleType 是指（　　）。

A. 复杂类型　　B. 简单类型　　C. 枚举　　D. 属性

4）restriction 的中文含义是（　　）。

A. 字符类型　　B. 任意型　　C. 限制条件　　D. 实体型

5）pattern 的中文含义是（　　）。

A. 匹配模式　　B. 任意型　　C. 可有可无　　D. 默认型

6）ref 表示的是（　　）。

A. 引用　　B. 字符　　C. 任意型　　D. 数据

2. 简答题

1）简述 XML Schema 的特点。

2）简述 DTD 与 XML Schema 的区别。

3）简述 XML Schema 元素声明的格式。

4）简述 XML Schema 属性声明的格式。

5）简述自定义简单类型的基本方法。

6）请回答这段代码的含义。

```
<xs:element name = "book" >
<xs:simpleType >
<xs:restriction base = "xs:string" >
<xs:minLength value = "4" / >
  <xs:maxLength value = "10" / >
</xs:restriction >
</xs:simpleType >
</xs:element >
```

7）请回答这段代码的含义。

```
<xs:element name = "age" >
<xs:simpleType >
<xs:restriction base = "xs:integer" >
<xs:minLncluson value = "0" >
<xs:maxLncluson value = "120" >
</xs:restriction  >
</xs:simpleType >
```

8）请回答这段代码的含义。

```
<? xml version = "1.0"  encoding = "gb2312" ?  >
<xsd:schema xmlns:xsd = "http://www. w3. org/2001/XMLSchema" >
<xsd:element name = "book" >
<xsd:complexType >
<xsd:sequence >
<xsd:element name = "title"  type = "xs:string"  / >
<xsd:element name = "author"  type = "xs:string"/ >
<xsd:element name = "price"  type = "xs:integer"  / >
<xsd:element name = "resume"  type = "xs:string"  / >
<xsd:element name = "recommendation"  type = "xs:string"  / >
<xsd:element name = "publish"  minOccurs = "0"  maxOccurs = "unbounded" >
<xsd:complexType >
<xsd:sequence >
<xsd:element name = "publisher"  type = "xs:string"  / >
<xsd:element name = "pubdate"  type = "xs:date"  / >
</xsd:sequence > </xsd:complexType >
```

```
</xsd:element>
</xsd:sequence>
<xsd:attribute name="isbn" type="xs:string"/>
</xsd:complexType>
</xsd:element>
</xsd:schema>
```

9）请回答这段代码的含义。

```
<xs:element name="号码">
<xs:simpleType>
<xs:restriction base="xs:string">
<xs:pattern value="\d{3} -d{6}"/>
</xs:restriction>
</xs:simpleType>
</xs: element >
```

第5章　XML 的显示

本章要点

- CSS 的创建与运用
- XSL 的创建与运用
- XSLT 展望

5.1　CSS 简介

CSS 简介

层叠样式表（Cascading Style Sheets，CSS）是由 W3C 在 1996 年制定并发布的一个网页排版样式标准，用来进行网页风格设计。在网页制作时采用 CSS 样式，可以更加精确、有效地控制页面的布局、字体、颜色、背景和其他效果的实现。

5.1.1　创建 CSS

CSS 技术为浏览器安排 XML 元素的显示格式的方式提供了相当高的控制权，但它并不能对 XML 文档中的内容进行自由的选择输出，也不能重新安排这些内容的输出顺序，同时，它不允许访问 XML 文档中的属性、实体、处理指令以及其他组件，也不能处理这些组件包含的信息。CSS 采用元素匹配模式，将样式套用到对应的 XML 元素上，从而使各个元素呈现出不同的风格。

要在 XML 文档中显示样式，首先要创建一个 CSS 样式表，再将该样式表链接到 XML 文档中。

例 5-1　一个简单的 CSS 修饰 XML 文档示例。

5-1. xml 文件内容如下：

```
<? xml version = "1. 0"  encoding = " utf - 8" ?  >
<? xml - stylesheet href = "5-1. css"  type = " text/css" ?  >
<poem >
    < name >咏柳 </name >
    < writer >唐 . 贺知章 </writer >
    < content >碧玉妆成一树高 </content >
    < content >万条垂下绿丝绦 </content >
    < content >不知细叶谁裁出 </content >
    < content >二月春风似剪刀 </content >
</poem >
```

5-1. css 文件内容如下：

```
@ charset "utf - 8";
name{
    display:block;
    font - family:黑体;
    font - weight:bold;
    font - size:20pt;
    letter - spacing:10pt;
    text - align:center
}
writer{
    display:block;
    font - family:宋体;
    font - size:15pt;
    letter - spacing:10pt;
    line - height:40pt;
    text - align:center;
    color:red
}
content{
   display:block;
   font - family:楷体_gb2312;
   font - size:20pt;
   line - height:30pt;
   letter - spacing:10pt;
   line - height:30pt;
   text - align:center;
   color:black
}
```

在浏览器中打开 5-1. xml，如图 5-1 所示。

D:\教材文档\5-1.xml

咏 柳

唐．贺 知 章

碧 玉 妆 成 一 树 高
万 条 垂 下 绿 丝 绦
不 知 细 叶 谁 裁 出
二 月 春 风 似 剪 刀

图 5-1　一个简单的 CSS 例子

在上述的示例中，CSS 文件和 XML 文件是分开的，也可以将两个文件合并在一起，这种就是无需链接的内部 CSS，语法格式如下：

```
<? xml-stylesheet type="text/css"? >
<根元素 xmlns:HTML="URL">
  <HTML:STYLE>
    <! --CSS 内容-->
  </HTML:STYLE>
  <! --XML 子元素-->
</根元素>
```

5.1.2 CSS 的基本语法

样式表的建立要符合 CSS 规则，CSS 规则由两个主要的部分构成：选择器以及一条或多条声明。声明格式如下：

```
selector {declaration1; declaration2; ... declarationN }
```

选择器通常是需要改变样式的 HTML 元素，每条声明由一个属性和一个值组成。属性（property）是用户希望设置的样式属性（style attribute），每个属性有一个值，属性和值之间用冒号分开。

```
selector {property: value}
```

下面是一个简单的关于样式表的例子：

```
p{
    background-color:red;
    font-size:12pt;
    color:black
}
```

该例中设置了背景色、字体大小、字体颜色等属性。其中，P 是选择器 selector，background - color、font - size 、color 为属性，red、12pt、black 分别为它们的值。

CSS 的核心内容是选择器，通过定义选择器可以控制元素的呈现方式。选择器也称为选择符，选择器不只是选择文档中的元素名称，还可以是类、ID。根据 CSS 选择符，可以把选择器分为 5 类，即标记选择器、ID 选择器、类选择器、伪类选择器和层次选择器。

1. 标记选择器

标记选择器的基本语法格式如下：

```
Selector{property:value}
```

标记选择器可以将一个规则同时作用于多个不同的元素，只需将这些元素的名称包含在选择器中，用逗号来分隔元素名称，如：

```
p,table,div,title{margin:0}
```

这种选择器写法让 CSS 样式表变得更短，并且更容易理解和维护。当然也可以为同一个元素分别设置多个规则。例如，下面的几个规则都是为 author 元素设置的：

```
author{display:block}
    author{font - size:20pt;font - weight:bold}
    author{font - style:italic}
    author{color:red}
```

2. 类选择器

类选择器用来为一系列标记定义相同的呈现方式。基本语法格式如下：

```
Name. classValue{property:value}
```

其中，Name 是使用该选择器的标记的名称，如果引用该 CSS 文档的文件不存在标记名字为 Name 的标记，则该选择器将会带来不可预知的结果；classValue 是选择器的名称，可自定义该名称。如果 Name 标记具有 class 属性，而且 class 属性的值为 classValue 时，那么该标记的呈现形式由该选择器指定。

值得注意的是，类选择器一定要以“.”开头。

该选择器可以为不同标记定义相同的呈现方式。如果一个标记具有 class 属性，而且 class 属性的值为 classValue 时，那么该标记的呈现形式由该选择器指定。下面通过为段落标记定义类选择器来介绍如何定义选择器，格式如下：

```
p. im{color:blue}
p. em{font - size:10pt}
```

上述第一个类选择器应用于标记名为 p 的元素，该元素的 class 属性值必须是 im。第二个类选择器也应用于标记名为 p 的元素，该元素的 class 属性值是 em。可以通过 p 标记的 class 属性来使用该类选择器所定义的呈现方式，格式如下：

```
<p class = "im" >这是一句话 </p>
```

通常，一个元素使用一个类选择器，即 class 值中只出现一个词；如果需使用多类选择器，则 class 值中可出现多个词，并且各个词之间用空格分隔开，格式如下：

```
<p class = "important word" > 这是一段重要的内容 </p>
```

值得注意的是：这两个词的顺序无关紧要，写成“word important”也可以。

假设 class 为 important 的所有元素为红色字体，class 为 word 的所有元素为蓝色字体，class 中同时包含 important 和 word 的所有元素的背景为粉色，则书写语句如下：

```
. important{color:red}
. word {color:blue}
. important. word {background:pink;}
```

想一想：*在代码 <div class = “am” >大家好 </div> 中，要把文字的颜色设置为红色，应当怎么书写对应的 CSS 样式？*

例 5-2 类选择器使用示例。

首先创建一个相同元素带有不同 class 属性的 XML 文档，命名为 5-2. xml，其中第一个和第三个 book 元素的 class 属性值相同，都为 b01，而第二个 book 元素的 class 属性值为 b02，具体代码如下：

```
<? xml version = "1.0" encoding = "utf-8"? >
<! --file name:5-2.xml-->
<? xml-stylesheet href = "5-2.css" type = "text/css"? >
<catelog>
    <book  class = "b01">
      <title>Java EE 项目开发教程</title>
      <author>郑阿奇</author>
      <price>¥33</price>
    </book>
    <book  class = "b02">
      <title>XML 基础教程</title>
      <author>高怡新</author>
      <price>¥26</price>
    </book>
    <book  class = "b01">
      <title>JavaScript 从入门到精通</title>
      <author>梁春艳</author>
      <price>¥69</price>
    </book>
</catalog>
```

然后再创建一个为 class 属性设置不同显示样式的 CSS 文件，命名为 5-2.css，具体代码如下：

```
@charset "utf-8";
/* CSS Document */
book
{
  display:block;
  margin-top:15px
}
title
{
  display:block;
  font-weight:bold
}
book.b01
{
  font-size:10pt
}
book.b02
{
  font-size:15pt;
  font-style:italic
```

```
}
title,author,price
{
   margin:10px
}
```

在此 CSS 样式表中，设置 class 属性值为 b01 的 book 元素，以 10 磅字号显示；设置 class 属性值为 b02 的 book 元素，以 15 磅字号的斜体字显示。在 IE 浏览器中打开 5-2. xml，效果如图 5-2 所示。

图 5-2　类选择器使用示例

3. ID 选择器

与 class 属性类似，可以在 XML 文档中为具有相同名称的若干个元素分别指定不同的 ID 属性，以便在相应的 CSS 文件中对相同名称不同 ID 属性的元素分别制定不同的呈现样式。定义 ID 选择器的基本语法格式如下：

```
#ID{property:value}
```

例如，对 5-2. xml 文档进行修改，将其中的 3 个 class 属性替换为 ID 属性（把 class = "b01"改为 id = " b01"，…）另存为 5-2 -1. xml，然后再将 5-2. css 样式表文件另存为 5-2 -1. css链接至 5-2 -1. xml，并将代码修改如下：

```
@charset "utf-8";
/* CSS Document */
book
{
    display:block;
    margin-top:15px
}
title
{
    display:block;
    font-weight:bold
}
Book#b001
{
    font-size:10pt
}
Book#b002
{
    font-size:15pt;
    font-style:italic
```

```
}
title,author,price
{
    margin:10px
}
```

运行 5-2-1. xml，结果与 5-2. xml 的运行结果一样，如图 5-3 所示。

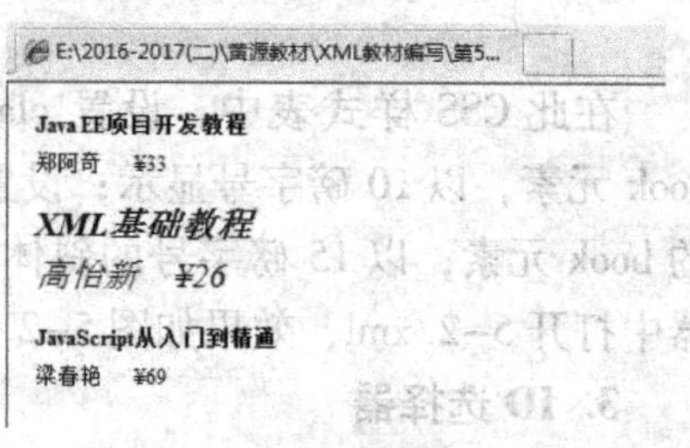

图 5-3　ID 选择器使用示例

XML 允许同时为元素制定 class 属性和 ID 属性，并在 CSS 文件中分别利用这两个属性为同名的 XML 元素设置不同的显示样式。

4. 伪类选择器

伪类选择器通常用于设置超链接的不同样式。在支持 CSS 的浏览器中，伪类可以实现 4 种不同的状态：未访问的链接（link）、已访问的链接（visited）、激活链接（active，在鼠标单击与释放之间发生的事件）和鼠标悬停于链接上（hover）。格式如下：

```
a:link{color:red;text-decoration:none}
a:visited{color:blue; text-decoration:none }
a:active{color:gray; text-decoration:underline }
a:hover{color:green; text-decoration:underline }
```

上面 4 种样式表示：该链接未访问时为红色且无下画线，访问链接后是蓝色且无下画线，激活链接时为灰色且有下画线，鼠标悬停链接上时为绿色且有下画线。

伪类选择器还可以和类选择器组合使用，可以在同一页面中实现链接的呈现形式多样化。

```
a.style1:link{color:red }
a.style1:visited{color:blue }
a.style2:link{color:gray }
a.style2:visited{color:green }
```

类选择器 style1 的锚标记未访问时是红色，访问后是蓝色；类选择器 style2 的锚标记未访问时是灰色，访问后是绿色。将这两个类选择器应用于不同的链接上，形式如下：

```
<a class="style1" href="http://www.cqepc.cn">重庆航天职业技术学院</a>
<a class="style2" href="http://www.baidu.com">百度</a>
```

5. 上下文选择器

上下文组合器也叫作派生选择器，允许在元素名称之前加上父元素的名称，甚至加上父元素的父元素名称。它可以单独为符合某种层次关系的元素定义样式表，定义方法如下：

```
p1   p2
{
  font-size:10pt
}
```

只对父元素为 p1 的 p2 元素制定呈现样式（文字大小为 10 磅），而不影响其他 p1 元素的呈现样式。

例 5-3 上下文选择器使用示例。

这是一个描述中国城市名称的 XML 文档，根元素是“china”，其中一些 city 子元素“北京”“上海”“天津”和“重庆”直接包含在 china 元素中；而另一些 city 子元素“成都”和“贵阳”被包含在 province 元素中。

创建 XML 文档，并命名为 5-3. xml：

```
<? xml version = "1.0" encoding = "utf - 8"? >
<? xml - stylesheet href = "5 - 3. css" type = "text/css"? >
<china >
  <city >北京 </city >
  <city >上海 </city >
  <city >天津 </city >
  <city >重庆 </city >
<province >
<city >成都 </city >
</province >
<province >
  <city >贵阳 </city >
</province >
</china >
```

创建对应 XML 文档的 CSS 样式表 5 - 3. css，代码如下：

```
@ charset " utf - 8";
/ * CSS Document * /
china
{
  display:block;
  font - style:黑体;
  font - size:50pt;
}
province city
{
  display:block;
  font - style:normal;
  font - size:35pt;
  color:red;
}
```

上述示例中，为 city 制作了两个样式：第一个样式由元素“china”实现；第二个样式为上下文选择器，用于选择在 province 元素中的 city 子元素，并把文字的颜色设置为红色。在 IE 浏览器中运行 5 - 3. xml，效果如图 5 - 4 所示。

图 5-4　上下文选择器使用示例

5.1.3　CSS 基本的属性设置

从前面的内容可以看到，CSS 的样式由一条条的规则构成。CSS 中的每一条规则设置语句，在选择器（selector）的后面都有若干个属性名称和属性值，用来对选择器指定的元素设置具体的显示规则。CSS 具有相当丰富的属性和相应的可以设定的属性值，CSS 中必须使用预先定义的属性关键词来设置元素的显示规则，CSS 的属性关键字包括特定的属性名称以及属性值关键字。

CSS 样式表中，对于不同的属性名称关键字可以使用与之对应的不同的属性值关键字。例如，font-weight 属性可以指定为 normal、bold、bolder 或 lighter 4 个关键字中的任意一个；border-style 属性可以指定为 solid、double、dotted 等 9 个关键字中的一个。例如，mark {border-style:double} 就为 mark 元素设置了一个双线边框样式的代码。

下面将介绍各种 CSS 属性的具体设置方法，这是 CSS 最核心也是最复杂的内容。

1. 显示属性设置

CSS 样式表中设置显示的属性有两个：visibility 属性和 display 属性。visibility 属性设定元素显示或隐藏，该属性取值为 visible 或 hidden，分别表示显示和隐藏。当 visibility 属性的属性值设置为 hidden 时，元素被隐藏，但它仍然占据原来的位置。display 属性可设置是否显示以及如何显示元素。display 属性有 4 种常用属性值，在具体定义 display 属性时可根据需要选择其中一种。

- none：元素不被显示。
- block：元素以块方式输出，元素前后会带有一个换行符。
- inline：元素前后没有换行符，默认属性。
- list-item：元素以列表方式显示。

CSS 规定 display 属性不能被子元素继承，所以当父元素的 display 属性设定为 block 时，其子元素并没有设定该属性值。但当父元素的 display 属性设定为 none 时，其子元素实质上继承了 none 属性值，因为当父元素隐藏时，其所有的子元素将同时隐藏。此外，父元素的 inline 属性值也会被子元素继承，因为 IE 浏览器默认以 inline 方式呈现元素的内容。

例 5-4　为 XML 文档设置显示的示例。

```
<?xml version="1.0" encoding="utf-8"?>
<!--file name:5-4.xml-->
<?xml-stylesheet href="5-4.css" type="text/css"?>
```

```
<catelog>
    <book class="b01">
      <title>Java EE 项目开发教程</title>
      <author>郑阿奇</author>
      <price>￥33</price>
    </book>
    <book class="b02">
      <title>XML 基础教程</title>
      <author>高怡新</author>
      <price>￥26</price>
    </book>
    <book class="b01">
      <title>JavaScript 从入门到精通</title>
      <author>梁春艳</author>
      <price>￥69</price>
    </book>
</catalog>
```

如果用上述样式表来显示 5-4.xml 范例文档，由于 book 元素的 display 属性值设定为 block，所以浏览器总是在整个 book 元素的文字内容之前和之后加一个换行符。同时上述样式表并未对 title、author 元素设定 display 属性，而且也无法从其父元素 book 继承 display 属性，因而浏览器将 inline 作为 title、author 的默认 display 属性值，即浏览器呈现这两种元素时并不加入换行符，这两种元素将显示在同一行上。此外，因为 price 元素的 display 属性设定为 none，所以浏览器并不显示该元素内容。将该样式表链接至 5-4.xml，页面的显示效果如图 5-5 所示。

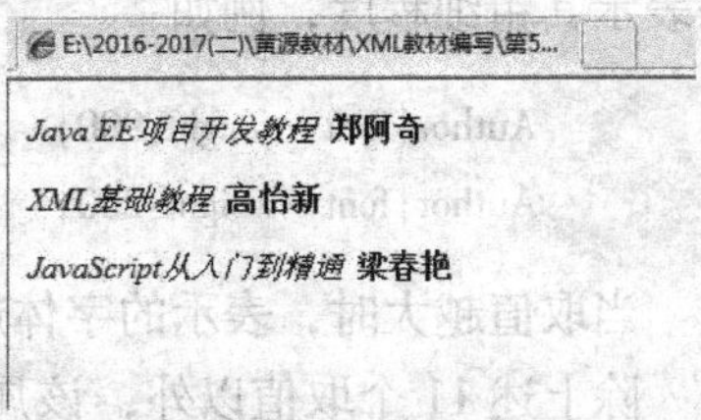

E:\2016-2017(二)\黄源教材\XML教材编写\第5...

Java EE项目开发教程 **郑阿奇**

XML基础教程 **高怡新**

JavaScript从入门到精通 **梁春艳**

图 5-5 display 属性设置效果

2. 字体设置

XML 元素的数据主要由文字构成，所以对字体呈现样式的设置就显得尤为重要。CSS 样式表提供了丰富的字体属性和文本属性来对网页页面进行更精确的布局，使页面更加美观。

在 HTML 中字体标记 <font> 只有字体颜色 color、字体大小 size 和字体类型 face 3 种设置，而 CSS 样式表则提供了丰富的字体属性，可以对字体进行更为详细的设置，进一步丰富页面的显示效果。

（1）font-family

font-family 用于设置元素文本的字体名称，例如：

```
Name{font-family:宋体}
```

font-family 可以按照顺序输入几个可选项，并用逗号分开，例如：

```
Name{font-family:华文行楷,宋体}
```

其中，如果华文行楷不存在，浏览器将使用宋体字体。

注意：如果字体包含空格，应该使用引号，例如：

```
Name{font-family:"Times New Roman"}
```

（2）font-style

font-style 用于设置文本是以斜体还是正常的字体显示，例如：

```
Author{font-style:italic}
```

表示显示 Author 时以斜体的形式出现。当 font-style 取值为 normal 时，以正常字体显示，为默认属性值。该属性还有另外一个值 oblique（倾斜）。italic 和 oblique 的区别在于：前者是将文字设置为一般的斜体字体，而后者是由系统手工调节倾斜程度。

（3）font-weight

font-weight 用于设置字体的粗细程度。font-weight 常用取值为 bold 和 normal，例如：

```
Author{font-weight:bold}
```

表示以粗体形式显示 Author。font-weight 取值为 normal 时，表示以正常形式显示字体，此值为默认值。此外 font-weight 还可取值 100、200、300、400、500、600、700、800、900 来表示其粗细程度，例如：

```
Author{font-weight:900}
Author{font-weight:200}
```

当取值越大时，表示的字体越粗；当取值越小时，表示的字体越细。

除上述 11 个取值以外，该属性还有另外两个有效值，即 lighter 和 bolder，分别表示相对于父元素更细或更粗的字体，为相对值。

（4）font-variant

font-variant 用于设置文本是否全为大写字母。

font-variant 取值可为 small-caps 和 normal，当取值为 small-caps 时，就把所有字母转换为大写字母；当取值为 normal 时，保持大小写混合状态。

（5）font-size

font-size 属性用来设置元素文字的大小，可以使用专门的关键字、绝对大小及相对大小等多种方式来为其指定各种属性值。基本语法格式如下：

```
font-size:<absolute-size> | <relative-size> | <length> | <percentage> | <inherit>
```

各属性值说明如下。

<absolute-size>：绝对字体大小。

<relative-size>：相对字体大小。

<length>：长度表示法。

<percentage>：百分比表示法。

<inherit>：继承。

除了可以直接指定字体大小外，CSS 还提供几种专门的关键字来预设字体值，如表 5-1 所示。

表 5-1　font - size 属性的预设字体值

预设字体值	预设字体值
xx - small	x - large
x - small	xx - large
small	smaller
medium	larger
large	inherit

通常情况下，medium 为浏览器默认的字号大小，从 xx - small 到 xx - large 用来表示字体大小的相对值，它们没有精确的定义，只是表示一种大小，相邻的各种字号之间（从 xx - small 到 xx - large），后一个字号是前一个大小的 1.5 倍。例如，medium 字号为 12 磅，则 large 字号为 18 磅，small 字号为 8 磅，例如：

```
mark{font - size:large}
paragraph{font - size:small}
```

smaller 和 larger 表示字体大小的相对值，用来设置比父元素小或者比父元素大的字号属性值，设置方法如下：

```
<div style = "font - size:20pt" 父元素大小
<p style = "font - size:larger" >大 </p>
<p style = "font - size:smaller" >小 </p>
</div>
```

另外，使用百分数也可以设置相对于父元素字号的 font - size 属性值，这种方法也属于相对大小。下面的代码将元素字号设置为其父元素字号大小的 50%。

```
mark{font - size:50%}
```

inherit 值可以直接继承其父元素标记的字体大小。

（6）font

font 属性提供了对元素文字的多个属性同时进行设置的快捷方法，可设定的多个属性的排列顺序：font - style、font - varient、font - weight、font - size、font - family，各属性之间用空格隔开，但当 font - family 属性值有多个时，则需用逗号隔开。例如，定义标题的样式表方法如下：

```
h1
{
    font - family:Arial,宋体,隶书;
    font - style:italic;
    font - size:20pt;
    font - weight:bolder;
    font - varient:small - caps
}
```

该样式表包含了字体的多个属性，可以用一个 font 属性综合起来，具体形式如下：

```
h1{
    font:italic small-caps bolder  20pt  Arial,宋体,隶书
}
```

在 font 属性的排列顺序中，font-style、font-varient、font-weight 这 3 个属性值的顺序可自由调换，而 font-size 和 font-family 必须严格按照固定顺序出现，而且 font 属性必须包括这两个属性值，如果这两个属性值的顺序错误或缺少一个，那么整个样式规则都有可能忽略。

下面通过一个实例来说明如何设置字体属性。

例 5-5 CSS 设置字体属性示例。

```
<?xml version="1.0" encoding="utf-8"?>
<!--file name:5-5.xml-->
<?xml-stylesheet href="5-5.css" type="text/css"?>
<catelog>
    <book>
    <title>Java EE 项目开发教程</title>
        <author>郑阿奇</author>
        <publisher>清华大学出版社</publisher>
        <price>￥33</price>
    </book>
    <book>
        <title>XML 基础教程</title>
        <author>高怡新</author>
        <publisher>机械工业出版社</publisher>
        <price>￥26</price>
    </book>
    <book>
        <title>JavaScript 从入门到精通</title>
        <author>梁春艳</author>
        <publisher>清华大学出版社</publisher>
        <price>￥69</price>
    </book>
</catelog>
```

将上述代码保存为名为 5-5.xml 文件，与之关联的 5-5.css 样式表文件内容如下：

```
@charset "utf-8";
book
{
color:black;
margin-top:16px;
background:#cccccc;
```

```
font:normal small - caps bolder 15pt 宋体
}
title
{
display:block;
font - size:30px;
font - family:楷体_GB2312
}
author
{
font - family:黑体;
margin:6px;
color:#ff0066;
display:block
}
publisher
{
color:#66ccff;
display:block
}
price
{
font - size:10pt;
display:block
}
```

将上述代码保存为 5-5. css 文件，在 IE 浏览器中打开 5-5. xml，运行效果如图 5-6 所示。

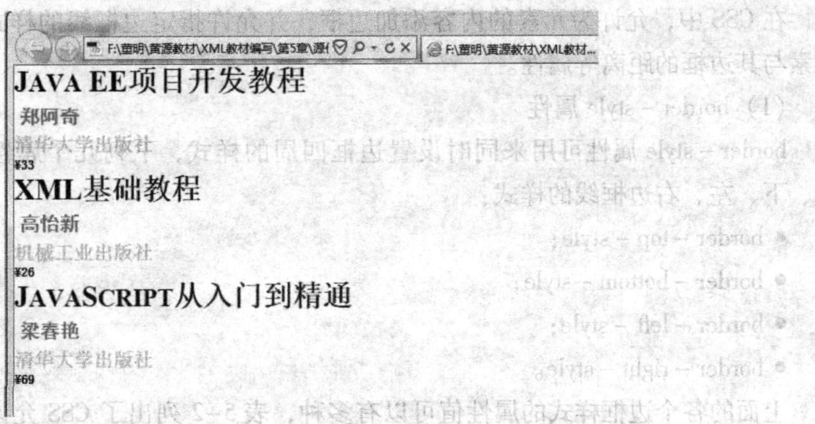

图 5-6　font 属性设置效果

3. 色彩属性设置

与色彩设置有关的属性包括 color、background - color 和 border - color 等，其中应用最多的是 color 属性，几乎可以指定所有元素的色彩。

如前所述，可以使用英文的颜色名称，也可以使用任何一种 RGB 格式（包括十进制 RGB、十六进制 RGB 和百分数 RGB）来作为色彩属性值。事实上，使用 RGB 格式可以指定的颜色种类数要比使用英文颜色名称丰富很多，这是因为对于 R（红色）、G（绿色）、B（蓝色）3 种颜色中的任何一种都可以指定 256（0 ~ 255）种不同深度的色彩值，这样总共可以组合出 16,777,216 种不同的自定义颜色。

例如，下面语句将 author 元素的文字设定成蓝色：

```
author {color:blue}
```

而下面的语句是将 author 元素的文字设定成红色：

```
author {color:rgb(255,0,0)}
```

color 属性会被子元素继承。因此，如果将下面的样式表链接到范例文档 5-5. xml 中，则除了 price 元素的文字为红色外，所有的文字都会变成蓝色。

```
book {display:block;margin - top:12pt;
Font - size:10pt;color:blue}
title {font - style:italic}
author {font - weight:bold}
price {color:red}
```

color 属性通常用来设定元素文字的颜色，也就是文字的前景颜色。若要设定文字的背景颜色，则应该使用后介绍的 background - color 属性。而 border - color 属性则用来设置元素边框的颜色。

4. 边框属性设置

在 CSS 中，允许为元素的内容添加边框，并允许指定边框线的样式、颜色、尺寸以及元素与其边框的距离等属性。

（1）border - style 属性

border - style 属性可用来同时设置边框四周的样式，下列几个属性则可分别用来设置上、下、左、右边框线的样式：

- border - top - style;
- border - bottom - style;
- border - left - style;
- border - right - style。

上面的各个边框样式的属性值可以有多种，表 5-2 列出了 CSS 允许的各种边框属性值及其含义。

表 5-2　各种边框属性值及其含义

边框样式属性值	说　明
none	表示无边框，为默认值
dotted	边框线为点画线
dashed	边框线为虚线
solid	边框线为实线
double	边框线为双实线
groove	具有三维效果的陷入边框线
ridge	具有三维效果的山脊状边框线
inset	利用元素内容的颜色描绘出沉入感边框效果
outset	利用元素内容的颜色描绘出浮出感边框效果

例如，下面的代码为 book 元素添加由点画线构成的左边框：

```
book {display:block;border - left - style:dashed}
```

此外，可以使用 border - style 属性同时设置上、下、左、右边框的样式。具体的设置：如果同时给定 4 个属性值，则分别为上、下、左、右边框的样式；如果给定 3 个属性值，则第 1 个为上边框样式，第 2 个为左、右边框样式，第 3 个为下边框样式；如果给定 2 个属性值，则第 1 个为上、下边框样式，第 2 个为左、右边框样式；如果给定 1 个属性值，则同时为上、下、左、右边框的样式。

例如，下面代码是为 book 元素添加由双实线构成的上、下边框线，由虚线构成的左、右边框线：

```
book {display:block;border - style:double dotted}
```

（2）border - color 属性

border - color 属性用来设置整个边框的颜色，下列几个属性则可分别用来设置上、下、左、右边框线的颜色：

- border - top - color;
- border - bottom - color;
- border - left - color;
- border - right - color。

例如，下面的代码为 book 元素添加由蓝色点线构成的底部边框线：

```
book{display:block;
border - bottom - style:bottled;
border - bottom - color:blue}
```

可以使用 border - color 属性同时设置上、下、左、右边框线的颜色，具体的设置方式与 border - style 属性的设置方式类似。

（3）border - width 属性

border - width 属性可用来设置整个边框的宽度，下列几个属性则可分别用来设置上、下、左、右边框线的宽度：

- border - top - width；
- border - bottom - width；
- border - left - width；
- border - right - width。

用来设置边框线宽度的属性值可以使用各种表示大小尺寸的方式，还可以使用 thin（细）、medium（中）、thick（粗）3 个关键字之一来完成。

例如，下面的代码为 book 元素添加由细实线构成的底部边框线：

```
book {display:block;
border - bottom - style:solid;
border - bottom - width:thin}
```

可以使用 border - width 属性同时设置上下左右边框线的宽度，具体的设置方式与 border - style 属性的设置方式类似。

（4）border 属性

使用 border 属性可以一次性地设置整个边框的样式、颜色和宽度。

例如，下面的代码是为 book 元素添加由蓝色细实线构成的四周边框线：

```
book {display:block;
border:solid thin blue}
```

5. 布局属性设置

（1）设置元素位置与大小

以下几个 CSS 属性可分别用来设置元素的位置与大小。

- top：设置元素顶端与其他元素的距离；
- bottom：设置元素底端与其他元素的距离；
- left：设置元素左端与其他元素的距离；
- right：设置元素右端与其他元素的距离；
- width：设置元素的宽度；
- height：设置元素的高度。

例如，下面的代码指定 book 元素的宽度为 460 像素，高度自动调整：

```
book{display:block
width:460px;height:auto}
```

（2）margin 属性

以下几个 CSS 属性可分别用来设置元素与页面上、下、左、右边界的距离，属性值可以是各种尺寸表示方式。

- margin：同时设置上、下、左、右边界距离；
- margin - top：设置顶端边界距离；
- margin - bottom：设置底端边界距离；
- margin - left：设置左端边界距离；

● margin - right：设置右端边界距离。

例如，下面的代码指定 book 元素与页面顶端的距离为 1.2 in（1 in≈2.54 cm）：

```
book {display:block;margin - top:1.2in}
```

可以使用 margin 属性同时设置上、下、左、右边距，具体是如果同时给定 4 个属性值，则分别为上、下、左、右边距；如果给定 3 个属性值，则第 1 个为上、下边距，第 2 个为左、右边距，第 3 个为下边距；如果给定 2 个属性值，则第 1 个上、下边距，第 2 个为左、右边距；如果给定 1 个属性值，则同时为上、下、左、右边距。

例如，下面的代码指定 book 元素与四周的距离为 2.6 cm：

```
book {display:block;margin:2.6cm}
```

（3）padding 属性

以下几个属性可分别用来设置元素与其上、下、左、右边框的间距，属性值可以为绝对宽度或相对于父元素宽度的百分比。

● padding：元素与四周边框的距离；
● padding - top：元素与上边框的距离；
● padding - bottom：元素与下边框的距离；
● padding - left：元素与左边框的距离；
● padding - right：元素与右边框的距离。

例如，下面的代码为 book 元素添加由粗实线构成的边框，并分别设定了该元素内容与上、下、左、右边框的距离：

```
book {display:block;
      border - style:solid;
      border - width:thick;
      padding - top: lem;
      padding - bottom: lem;
      padding - left:1.5lem;
      padding - right:1.5lem}
```

可以使用 padding 属性同时设置元素与上、下、左、右边框的距离，具体的设置方式与 margin 属性的设置方式类似。例如，下面的代码指定 book 元素的内容与上、下边框的距离为 10 个像素，与左、右边框的距离为 18 个像素：

```
book {display:block;
      border - style:dotted;
      border - width:thick;
      border - color:blue;
      padding:10px 18px}
```

6. 背景属性设置

CSS 语法提供了下列几个属性，用来为元素设置背景颜色或背景图像。

● background - color：设置背景颜色；

- background - image：设置背景图像；
- background - repeat：设置背景图像重复方式；
- background - position：设置背景图像相对于文字的位置；
- background - attachment：设置背景图像是否与元素内容一起滚动。

(1) background - color 属性

background - color 属性用于设置元素的背景颜色。例如，下面的代码将 title 元素的文字设置为蓝色，而将背景颜色设置为黄色：

```
title {color:blue; background - color :yellow}
```

(2) background - image 属性

background - image 属性用于设置元素的背景图像，通常是将图像文件的 URL 作为其属性值。例如，下面的规则将位图文件 flower. bmp 作为 book 元素的背景：

```
book { background - image:url(flower. bmp)}
```

如果想要除去 book 元素已有的背景图像，可将元素的 background - image 属性值设为 none。

注意：如果同时指定了背景图像与背景颜色（使用 background - color 属性），则背景图像将覆盖背景色彩。

(3) background - repeat 属性

background - repeat 属性用来设置背景图像的重复方式，可以选择下列 4 个属性值关键字之一。

- repeat：背景图像在水平和垂直方向同时重复平铺，为默认设置；
- repeat - x：背景图像在水平方向重复平铺；
- repeat - y：背景图像在垂直方向重复平铺；
- no - repeat：背景图像不重复平铺，仅显示一个图像。

例如，下面的代码用来设置 book 元素的背景图像在水平方向重复平铺：

```
book {background - image:url(leaf. bmp);
    background - repeat:repeat - x}
```

(4) background - position 属性

background - position 属性用来设置背景图像相对于文字的位置，默认情况下背景图像的左下角与文本的左上角对齐。

可以用 top、center、bottom、left、right 关键字及其适当的组合来指定背景图像的位置，例如，下面 CSS 样式表中的第 1 条语句指定背景图像居中，即与文本中心对齐；第 2 条语句指定背景图像位于文字的右下角。

```
book { background - image:url(leaf. bmp);
    background - position:center}
book { background - image:url(leaf. bmp);
    background - position:right bottom}
```

也可以为 background - position 属性设定水平位置与垂直位置的两个具体的尺寸值。例如，以下代码是将背景图像从 book 元素的左上角向右移动 0.5 英寸、向下移动 0.25 英寸：

```
book{background-image:url(leaf.bmp);
    background-repeat:no-repeat;
    background-position:.5in .25in }
```

可以为 background-position 属性设定水平位置与垂直位置的两个百分数尺寸值。例如，以下代码是将 book 元素的背景图像设置为文本底部居中位置，即水平方向处于 50% 的位置、垂直方向处于 100% 的位置：

```
book{ background-image:url(leaf.bmp);
    background-repeat:no-repeat;
    background-position:50% 100% }
```

（5）background-attachment 属性

background-attachment 属性用来设置背景图像是否与元素内容一起滚动，可以有 fixed 和 scroll 两种属性值。Scroll 表示背景图像跟随元素内容一起滚动，为默认值；fixed 表示背景图像静止而元素内容可以滚动。例如，以下代码设定 book 元素的背景图像位置固定不随元素内容滚动。

```
book { background-image:url(leaf.bmp);
    background-attachment:fixed}
```

7. 文本属性设置

CSS 规范提供了下列几个属性，用来修改文字间距、行高，实现字母的大小写转换以及对文字添加各种修饰等。

- letter-spacing：设置字符间距；
- word-spacing：设置单词间距；
- vertical-align：设置文本垂直对齐方式；
- text-align：设置文本水平对齐方式；
- text-indent：设置字符缩进；
- line-height：设置文本行高；
- text-transform：设置文本大小写转换方式；
- text-decoration：设置文本修饰。

子元素将会继承所有这些属性，除了 vertical-align 之外。

（1）letter-spacing

letter-spacing 属性用来增加或减少文字的字符间距。将此属性设定成正的尺寸值可以增加字符间距，设定成负的尺寸值可以减少字符间距。例如，下面代码的第 1 行是增加 1/4 字符间距，第 2 行是减去 0.5 磅的字符间距。

```
title{letter-spacing:0.25em}
title{letter-spacing:-0.5pt}
```

可以将 letter-spacing 属性设定成 normal 或者 0em，使其恢复正常字符间距。

(2) word - spacing

word - spacing 属性用来增加或减少两个单词的间距，将此属性值设定为正值可以增加单词间距，设定成负值可以减少单词间距。例如下面的语句：

```
title{word - spacint:1em}
```

可以将 word - spacing 属性设定成 normal 或者 0em，使其恢复原先的默认值。

(3) vertical - align 属性

vertical - align 属性用来建立上标或下标文字，或者设置元素文字在垂直方向上的对齐方式，这个属性只会影响 display 属性值被设定为 inline 的元素。vertical - align 的属性值可以是下列关键字之一。

- baseline：与基准线对齐，为默认值；
- sub：元素文字以下标显示；
- super：元素文字以上标显示；
- top：与父元素文字的顶部对齐；
- middle：与父元素文字的中部对齐；
- bottom：与父元素文字的底部对齐。

例如，下面的代码将 price 元素内容设置为下标，并以父元素的 60% 大小显示：

```
price{vertical - align:sub,font - size:60%}
```

(4) text - align 属性

text - align 属性用来设置元素的水平方向上的对齐方式，这个属性只会影响 display 属性值设定成 block 的元素，text - align 的属性值可以是下列 4 个关键字之一。

- left：左对齐；
- center：居中对齐；
- right：右对齐；
- justify：两端对齐。

例如，下面的代码是将 TITLE 元素设置为居中对齐：

```
title {display:block;text - align;center}
```

(5) text - indent 属性

text - indent 属性用来设置块级元素第一行文字的缩进，可以将此属性的属性值设定成任何形式的尺寸值。当属性值为负数时，表示悬挂缩进。

例如，下面的代码是将 title 元素的第一行以其字母宽度的 3 倍缩排：

```
title { text - indent:3em}
```

又如，下面的代码是将 TITLE 元素的第一行以文字宽度的 1.5 倍大小缩排：

```
title { text - indent:150% }
```

(6) line - height 属性

line - height 属性用来设置元素文字的行高，可以将此属性的属性值设定成任何形式的尺寸值。例如，下面的代码将 title 元素文字设置成两倍行高显示：

```
title {line - height:2em}
```

也可以使用下面的代码产生类似的效果：

```
title{line - height:200%}
```

（7）text - transform 属性

text - transform 属性用来设置元素文字的字母大小写方式，该属性的属性值可以设定为下列 4 个关键字之一。

- capitalize：将每个单词的第一个字母大写；
- uppercase：将所有字母转换为大写；
- lowercase：将所有字母转换为小写；
- none：不更改元素文字的大小写，为默认值。

例如，下面的代码将 title 元素内容中每个单词的第 1 个字母转换为大写：

```
title {text - transform: capitalize}
```

（8）text - decoration 属性

text - decoration 属性用来为元素的文字内容添加某种修饰效果，下面是可以为该属性的属性值指定的几个关键词。

- underline：为文字添加下画线；
- overline：为文字添加顶端上画线；
- line - through：为文字添加删除线；
- blink：为文字添加闪烁效果；
- none：不添加任何修饰效果，为默认值。

例如，下面的代码为 title 元素的文字内容添加下画线：

```
title {text - decoration:underline}
```

5.2 XSL 介绍

XSL 介绍

5.2.1 XSL 入门

XSL（eXtensible Stylesheet Language）即可扩展的样式表语言，它比 CSS 样式表的功能更强。XSL 的一个主要用途就是将 XML 文档转换成 HTML 格式的文件，然后再交付给浏览器，由浏览器显示转换的结果。

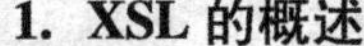

1. XSL 的概述

XSL 由两部分组成：第 1 部分是 XSLT，这是一种对 XML 文档进行转换的语言，可以把 XML 文档从一种格式转换为另一种格式。它使用 XPath 匹配节点，把一个 XML 文档转换为另一个不同的文档，得到的文档可以是 XML、HTML、无格式文本或任何其他基于文本的文档；XSL 的第 2 部分是 XSL 格式化对象（Formatting Object）。格式化对象提供了 CSS 的另一种方式来格式化 XML 文档，并把样式应用到 XML 文档上。因此，XSL 在转换 XML 文档时分为明显的两个过程，首先转换文档结构，其次将文档格式化输出。这两步可以分离开来并单独处理，因此 XSL 在发展过程中逐渐分裂为 XSLT（结构转换）和 XSL - FO（formatting objects）（格式化输出）两种分支语言，其中 XSL - FO 的作用就类似 CSS 在 HTML 中的作用。本章重点讨论第 1 部分的转换过程，也就是 XSLT。

2. XSLT 的使用

XML 是一种计算机程序间交换原始数据的简单而标准的方法，而 XSLT 的产生从根本上解决了应用系统间的信息交换，从而为 XML 解决了以下两个根本需求：

1）将数据和表达形式分离。就像天气预报的信息可以显示在不同的设备上，如电视、手机或者其他设备。

2）在不同的应用之间传输数据。电子商务数据交换的情况与日俱增，使得这种需求越来越紧迫。

3. XSLT 和 CSS 的比较

CSS 同样可以格式化 XML 文档，那么有了 CSS 为什么还需要 XSLT 呢？因为 CSS 虽然能够很好地控制输出的样式，如色彩、字体、大小等，但是它有以下局限性：

1）CSS 不能重新排序文档中的元素。

2）CSS 不能判断和控制每个元素是否被显示。

3）CSS 不能统计计算元素中的数据。

也就是说，CSS 只适合于输出比较固定的最终文档。CSS 的优点是简洁、消耗系统资源少，而 XSLT 虽然功能强大，但因为要重新索引 XML 结构树，所以消耗内存比较多。

因此，常常将它们结合起来使用，比如在服务器端用 XSLT 处理文档，在客户端用 CSS 来控制显示，这样可以减少响应时间。CSS 和 XSLT 的比较如表 5-3 所示。

表 5-3　CSS 和 XSLT 的比较

比较内容	CSS	XSLT
适用在 HTML	可以	不可以
适用在 XHTML	可以	可以
适用在 XML	可以	可以
使用的语法	CSS 样式语法	XML 语法
是否是转换语言	不是	是

例 5-6　简单的 XSLT 示例。

```
<? xml version = "1.0" encoding = "utf - 8"? >
<? xml - stylesheet type = "text/xsl" href = "5-6. xsl"? >
<greeting>欢迎来到 XML,这里是 XSLT</greeting>
```

将上述代码保存在名为 5-6. xml 文件内，代码第 2 行所链接的 5-6. xsl 代码如下：

```
<? xml version = "1.0" encoding = "utf - 8"? >
<xsl:stylesheet xmlns:xsl = "http://www.w3.org/TR/WD - xsl">
<greeting>欢迎来到 XML,这里是 XSLT</greeting>
```

将上述代码保存在名为 5-6. xml 文件内，代码第 2 行所链接的 5-6. xsl 代码如下：

```
<?xml version="1.0" encoding="utf-8"?>
<xsl:stylesheet xmlns:xsl="http://www.w3.org/TR/WD-xsl">
<xsl:template match="/">
<html>
<head>
<title>第一个 XSLT 实例</title>
</head>
<body>
<p><xsl:value-of select="greeting"/></p>
</body>
</html>
</xsl:template>
</xsl:stylesheet>
```

在 IE 浏览器中调试 5-6. xml，结果如图 5-7 所示。

该例通过链接 5-6. xsl 文件，对 XML 文档中的内容进行在网页中的格式化。

图 5-7　简单 XSLT 示例

5.2.2　XSL 语法及运算

1. XSL 中的语法介绍及分析

下面仔细分析 5-6. xsl 文件中的元素语法和重点。

首先注意到的是，XSL 文件本身就是一份 XML 文件，所以，在 XSL 文件的开头，有着和 XML 文件一样的声明。W3C 为 XSL 定义了很多标记（元素），XSL 文件就是这些标记的组合。在 XSL 文件中，必须有如下一行的代码：

```
<xsl:stylesheet xmlns:xsl="http://www.w3.org/TR/WD-xsl"
```

其中，xsl:stylesheet 是 XSL 文件的根元素，在根元素中包含了所有的排版样式，样式表就是由这些排版样式组合成的；xmlns:xsl="http://www.w3.org/TR/WD-xsl" 主要用来说明该 XSL 样式表是使用 W3C 所制定的 XSL，设定值就是 XSL 规范所在的 URL 地址。

实际上，这里的"http://www.w3.org/TR/WD-xsl"是一个标准的名称空间（namespace），stylesheet、template、for-each 等关键字都是这个名称空间所定义的。

然后，在 5-6. xsl 中看到有如下的代码：

```
<xsl:template  match="/">
…
</xsl:template >
```

这里实际上表示了 XSL 解析器对 XML 文档的处理过程，它从根节点（由 match="/" 定，"/"表示根节点）开始，对 XML 文档进行遍历，并根据具体代码从 XML 文档中取出相关的内容。关于属性 match 的取值是一个比较复杂的问题，将在后面的内容中作介绍。

用 <xsl:template match="具体匹配表达式" >语句找到一些节点集合以后，就要从这个集合中找到特定的元素或者元素属性的值，这里可用 xsl:value-of select=" "语句来寻找特定的内容。

例如，在下面的代码片段中，<xsl:value-of select="书名"/>代码就是表示定位XML文档中的名称元素的内容。在指定集合中可能存在多个书名元素，如果需要把它们一一列举出来进行处理，就需要用到语句xsl:for-each select=""，注意，这里涉及一个作用范围的概念，也就是说，xsl:for-each select=""这条语句是在一个指定的集合空间中执行的。参见如下的代码：

```
<xsl:template match="书籍">
<table   Border="1">
  <xsl:for-each select="书名">
…
</xsl: for-each >
</table>
</xsl:template >
<xsl:template match="/">
<xsl:apply-templates select="书籍">
</xsl:template >
```

这里的<xsl: for-each select=" 书名" >是在<xsl: template match=" 书籍" >所指定的集合空间里面寻找元素"书名" 的。

同时，需要注意的是上面的代码中，出现了下面这条语句：

```
<xsl:apply-templates select="书籍">
```

实际上，上述语句相当于C++中的一个过程调用，当XSL解析器执行到该语句的时候，它就会在代码中寻找以<? xml:namespace prefix=xsl/><xsl:template match="书籍">开头的代码，所以在上面的程序中，以下的代码可以看作是过程的实现。

```
<xsl:template match="书籍">
…
</xsl:template >
```

这里的match="书籍"可以理解为是传递给过程的参数，它表示过程实现体的集合范围是该match所匹配的节点集合空间“书籍”。

如果要对表格中的元素进行排序该怎么办呢？假设在上面的例子中按照名称进行排序，很简单，改写为如下的形式即可：

```
<xsl:for-each select="书名" order-by="+书名">
```

其中，“+”表示按降序排列，“-”表示按升序排列，“order-by”是XSL语法中的关键字。

如果只想在列表中取出某几行，该怎么操作呢？假设只想取出书名为“三国演义”的行，见下面的代码：

```
<xsl:template match="书籍">
<table Border="1"
    <xsl:for-each select="书名" order-by="+书名">
<xsl:if test=".[书名='三国演义']">
<tr>
<td><xsl:value-of select="书名"/></td>
<td><xsl:value-of select="价格"/></td>
```

```
</tr>
</xsl:if>
<xsl:for - each>
</table>
</xsl:template>
```

这里有一个新的句法，它表示如果“.[书名 ='三国演义']”为真（TRUE），就执行该段里面的语句，如果为假（FALSE）就不执行。它和 C++的 if 语句的概念基本是一样的。

前面用<xsl:value - of select =""/>取出的都是一个元素的值，但是要取出元素某一属性为特定值该怎么做呢？可以采用以下形式：

```
<xsl:value - of select ="元素名称/@属性名称"/>
```

例如，有如下一段 XML 代码：

```
<曹雪芹  网址 ="www. cao. org">曹雪芹的生平介绍</曹雪芹>
```

可以用<xsl:value - of select ="曹雪芹/@网址"/>来得到值“www. cao. org”。

想一想：语句<XSL:value - of select ="书名"/>和<XSL:for - each select ="书名"/>有什么区别？

2. XSL 的执行过程

了解了 XSL 的几条主要语句和其含义后，针对下面的实例来分析一下 XSLT 的执行过程。

例 5-7　书籍网站购物车的 XSL 执行示例。

```
<? xml version ="1.0" encoding ="GB2312"? >
<? xml - stylesheet type ="text/xsl" href ="5-7. xsl"? >
<shoppingCart>
<item>
    <itemNO>1001</itemNO>
    <itemName>老人与海</itemName>
    <price>45.00</price>
    <publisher>海外出版社</publisher>
</item>
<item>
    <itemNO>1002</itemNO>
    <itemName>傲慢与偏见</itemName>
    <price>50.00</price>
    <publisher>海外出版社</publisher>
</item>
<item>
    <itemNO>1003</itemNO>
    <itemName>百年孤独</itemName>
    <price>40.00</price>
    <publisher>海外出版社</publisher>
</item>
</shoppingCart>
```

将上述代码保存在名为5-7. xml的文件中，代码第二行所使用的的样式表文件5-7. xsl代码如下：

```
< ? xml version = "1.0"  encoding = "GB2312" ?  >
< xsl:stylesheet xmlns:xsl = "http://www. w3. org/TR/WD - xsl" > < xsl:template match = "/" >
< HTML >
< HEAD >
< TITLE > 网站购物车 < /TITLE >
< STYLE > . title{font - size:15pt;font - weigt:bold;color:blue} . name{color:red}
< /STYLE >
< /HEAD >
< BODY >
< P Class = "title" > shopping cart contents < /P >
< TABLE BORDER = "1" >
  < thead >
    < TD > < B > 编号 < /B > < /TD >
    < TD > < B > 书名 < /B > < /TD >
    < TD > < B > 价格 < /B > < /TD >
    < TD > < B > 出版社 < /B > < /TD >
  < /thead >
  < xsl:for - each select = "shoppingCart/item" order - by = "price" >
  < TR >
  < TD > < B > < xsl:value - of select = "itemNO"/ > < /B > < /TD >
  < TD > < xsl:value - of select = "itemName"/ > < /TD >
  < TD > < xsl:value - of select = "price"/ > < /TD >
  < TD > < xsl:value - of select = "publisher"/ > < /TD >
  < /TR >
  < /xsl:for - each >
< /TABLE >
< /BODY >
< /HTML >
< /xsl:template >
< /xsl:stylesheet >
```

在IE浏览器中运行5-7. xml，结果如图5-8所示。

网站购物车

shopping cart contents

编号	书名	价格	出版社
1003	百年孤独	40.00	海外出版社
1001	老人与海	45.00	海外出版社
1002	傲慢与偏见	50.00	海外出版社

图5-8　购物车XML文档经过转换后的结果

其中，语句 < xsl:for – each select = " shoppingCart/item" >表示选择在XML中的逐条文档语句；语句 < order – by = " price" >表示在输出结果中按照价格来排序；语句 < xsl:value – of select = "itemNO"/ >表示选择XML文档中的“itemNO”内容。最终输出结果在网页中是按照书的价格进行的一个升序的排列。

5.2.3　XSL模板的创建及使用

XSL样式表文件由一个或多个被称为“模板”的规则集组成，每个模板都包含了与指定结点相匹配的应用规则。模板规则包含了两个部分：模式（pattern）和模板（template）。模式用于在原始文档中匹配结点，模板用于定义结点的处理规则。

1. XSL 模板的定义

模板是 XSL 中最重要的概念之一，即使用模板将同样的格式应用于一个 XML 文档的重复元素。在某些元素下，模板就是要应用的规则。可以将模板看作一个模块，不同的模块完成不同的文档格式转换功能。

<xsl：template>元素定义了用于进行转换了的结点内容，其基本语法格式如下：

```
<xsl:template match="匹配模式" priority="n" mode="mode" language="">
    <!--模板内容-->
</xsl:template>
```

<xsl:template>的执行靠<xsl:apply-templates>来完成，在<xsl：template>中还可以包含多个子标记，如<xsl:value-of>等。一个 XML 元素对于一个特定的模板，该 XML 的显示样式由模板内容决定。

在模板中必须包含 match 属性，该属性是一个特殊的字符串，成为模板的标记匹配模式。match 属性的作用是指定 XML 文档中的特定结点，根模板的标记 match 必须是"/"；language 属性确定在此模板中执行什么脚本语言，其取值与 HTML 中 script 标记的 language 属性的取值相同，默认值为 JavaScript。

XSL 处理器必须先找到根模板，才能开始 XSL 转换，即 XSL 处理器总是从根模板开始实施 XSL 转换。根模板的内容可以包括其他的模板调用标记，如果 XSL 样式表文件中没有根模板，那么这个样式表文件就没有任何用途。

当 XSL 处理器使用 XSL 样式表文件转换 XML 文档时，处理器将遍历 XML 文档的树状结构，一次浏览一个结点，并将浏览的结点与 XSL 样式表中的每个模板规则的模式进行对比：如果相匹配，处理器就会输出此规则的模板。模板通常包含一些元素指令、新的数据或者从 XML 源文档中复制的数据。

<xsl：template>元素有一个 mode 属性，可以根据需要去匹配不同模式的模板。如下面的代码：

```
<xsl:template match="/" mode="blue">
  …
<title>学生花名册</title>
<style>.tilte{font-size:25pt;font-weight:bold;color:blue}
…
<xsl:template match="/" mode="yellow">
…
<title>学生花名册</title>
<style>.title{ font-size:25pt;font-weight:bold;color:yellow}
```

如果要将 title 输出为蓝色，则用下面语句匹配：

```
<xsl:apply-templates select="/" mode="blue"/>
```

如果要将 title 输出为黄色，则写为：

```
<xsl:apply-templates select="/" mode="yellow"/>
```

模板总是与结点相对应，一个结点可能对应于不同的模板，XSL 中可以为 xsl：template 设置优先级，其语法格式如下：

<xsl:template match="标记匹配模式" priority="n">模板内容</xsl:template>，其中 n 为优先级。

使用 XSL 模板，可以实现模块化的设计。而在模块设计完成以后就需要模板调用元素 <xsl：apply-templates>来实现了。

2. XSL 模板的调用

<xsl：apply-templates>用于告诉 XSL 处理器处理当前结点的所有子结点，基本语法格式如下：

```
<xsl:apply-templates select="标记匹配模式"/>
```

其中，select 表示选择结点环境，并对其施加相应的<xsl:template>标记所建立的模板。下面创建一个实例，结合该实例说明模板调用的过程。

例 5-8 创建模板和模板 XSL 的运行。

XSL 的运行

首先创建一个 XML 文件 5-8. xml，代码如下：

```
<?xml version="1.0" encoding="gb2312"?>
<!--file name:5-8. xml-->
<?xml-stylesheet type="text/xsl" href="5-8. xsl"?>
<学生列表>
    <学生 编号="1001">
        <姓名>张三丰</姓名>
        <年龄>18</年龄>
        <总分 数值类型="十进制">
            450.00
        </总分>
  </学生>
  <学生 编号="1002">
  <姓名>John Smith</姓名>
  <年龄>19</年龄>
  <总分 数值类型="八进制">
      550.00
  </总分>
  </学生>
  <学生 编号="1003">
  <姓名>王者风</姓名>
  <年龄>17</年龄>
  <总分 数值类型="十进制">
      435.00
  </总分>
</学生>
```

```
    <学生 编号="1004">
    <姓名>李和谐</姓名>
    <年龄>20</年龄>
    <总分 数值类型="十进制">
      465.00
    </总分>
    </学生>
   <学生 编号="1005">
    <姓名>赵四熙</姓名>
    <年龄>18</年龄>
    <总分 数值类型="十六进制">
      123.00
    </总分>
    </学生>
  </学生列表>
```

与之关联的5-8.xsl代码如下：

```
<?xml version="1.0" encoding="gb2312"?>
<!--file name 5-8.xsl-->
<xsl:stylesheet version="1.0" xmlns:xsl="http://www.w3.org/1999/XSL/Transform">
<xsl:template match="/">
<xsl:apply-templates/>
</xsl:template>
<xsl:template match="学生列表">
<xsl:apply-templates/>
</xsl:template>
<xsl:template match="学生">
<xsl:apply-templates select="姓名"/>
</xsl:template>
</xsl:stylesheet>
```

执行5-8.xml文件时，会调用与之关联的5-8.xsl样式表文件。XSL处理器首先读取XML文档的根结点，并与第1个模板规则相匹配。

```
<xsl:template match="/">
<xsl:apply-templates/>
</xsl:template>
```

其中<xsl:apply-template/>元素表示处理根结点的所有子结点。当XSL处理器在读到<学生列表>结点时（5-8.xml文档的根元素），与第2个模板规则相匹配。

```
<xsl:template match="学生列表">
<xsl:apply-templates/>
</xsl:template>
```

同样，在该模板规则中也使用了<xsl:apply-templates/>元素，规定了XSL处理器处理<学生列表>结点的所有子结点。当 XSL 处理器读到<学生>结点时，与第 3 个模板规则相匹配。

```
<xsl:template match = "学生" >
<xsl:apply - templates select = "姓名"/ >
</xsl:template >
```

在该模板规则中使用的<xsl:apply - templates/ >元素带有 select 属性，此属性告诉 XSL 处理器只处理<学生>结点下的<姓名>结点。由于在<学生列表>下有 5 个<学生>结点，所以第 3 个模板规则将匹配 5 次。

5.2.4 XSL 中的指令使用

XSL 文件实质上是 XML 文档，由 XSL 标记和 HTML 标记组成，这些标记能被 XSL 处理器识别。XSL 标记可以对输出的数据进行筛选和判断，从而达到过滤数据的目的。

1. 判断指令<xsl:if>

<xsl: if>标记主要用来设定结点满足某个条件时才被模板处理，可实现单分支。其基本语法格式如下：

```
<xsl:if match = "元素名" >标记内容</xsl:if >
```

或

```
<xsl:if test = "条件"  script = ""  language = "" >标记内容</xsl:if >
```

其中，test 用来设置标记过滤的条件，script 表示是否使用脚本程序，language 表示脚本程序使用的语言的种类。只有当 test 设置的条件为 true 时，XSL 处理器才会执行<xsl:if>标记下面的指令，否则不执行下面的指令。

（1）test 条件

如果一个 XSL 标记有标记匹配模式，就可以将<xsl: if>标记作为子标记来使用。条件表达式的第一项必须是标记匹配模式匹配的 XML 标记。如果标记匹配模式匹配的 XML 标记不是根标记，条件表达式的第一项必须使用“.”来表示标记匹配模式匹配的 XML 标记，这时可以使用下列条件。

1）属性条件。如果想判断和“.”匹配的 XML 标记是否具有某个属性，就可以使用<xsl:if>标记的下列语法格式：

```
<xsl:if test = ".[@属性名称]" >
<! --标记内容-- >
</xsl:if >
```

如果和"."匹配的标记是<学生>，并有属性“专业”，那么<学生>标记就满足下列<xsl:if>标记中 test 所要求的条件。

```
<xsl:if test = ".[@专业]" >
<! --标记内容-- >
</xsl:if >
```

2）属性值条件。如果想判断和“.”匹配的 XML 标记是否具有某个属性，并判断该属性值和某个特定属性值进行关系比较后的结果是否为 true，就可以使用<xsl:if>标记的下列两种语法格式。

第 1 种语法格式如下：

```
<xsl:if test=".[@属性名称 关系操作符'特定属性值']">
<!--标记内容-->
</xsl:if>
```

对于这种格式，关系元素将按字母顺序比较大小。如果和“.”匹配的是<学生>，并有属性“专业”，而且该属性的值是“计算机”，那么<学生>标记就满足下列<xsl:if>标记中 test 所要求的条件。

```
<xsl:if test=".[@专业$gt$ '计算机']">
<!--标记内容-->
</xsl:if>
```

第 2 种语法格式如下：

```
<xsl:if test=".[@属性名称 关系操作符 特定属性值]">
<!--标记内容-->
</xsl:if>
```

对于这种格式，要求属性值以及与其比较的特定值的内容都是数字字符，关系运算符将按数字大小比较。如果和“.”匹配的是<学生>，并有属性“年龄”，而且该属性的值是 21，那么<学生>标记就满足下列<xsl:if>标记中 test 所要求的条件。

```
<xsl:if test=".[@年龄$ge$21]">
<!--标记内容-->
</xsl:if>
```

由于 XML 中“<”和“>”都有特殊的意义，所以 XSL 中的关系运算符必须使用其他的符合来代替，如表 5-4 所示。

表 5-4　XSL 的关系运算符

比较运算符	替代符号	功能说明
eq	=	等于
ne	!=	不等于
lt	<	小于
le	<=	小于等于
gt	>	大于
ge	>=	大于等于

3）子标记条件。如果需要判断和“.”匹配的 XML 标记是否具有某个子标记，则可以使用<xsl:if>标记的下列语法格式：

```
<xsl:if test="./子标记名称">
<!--标记内容-->
</xsl:if>
```

如果和“.”匹配的标记是<学生>，该标记有子标记<姓名>，那么<学生>标记就满足下列<xsl:if>标记中 test 所要求的条件。

```
<xsl:if test="./姓名">
<!--标记内容-->
</xsl:if>
```

4）子标记及其属性条件。如果需要判断和"."匹配的 XML 标记是否有特定属性的子标记，则可以使用<xsl:if>标记的下列语法格式：

```
<xsl:if test="./ 子标记名称[@属性名称]">
<!--标记内容-->
</xsl:if>
```

如果和"."匹配的标记是<学生>，该标记有子标记<姓名>，而且<姓名>有属性" 姓"，那么<学生>标记就满足下列<xsl:if>标记中 test 所要求的条件。

```
<xsl:if test="./姓名[@姓]">
<!--标记内容-->
</xsl:if>
```

5）子标记及其属性、属性值条件。如果需要判断和" ." 匹配的 XML 标记是否有特定属性的子标记，并且需要判断子标记的属性值和某个特定属性值进行关系比较后的结果是否为 true，就可以使用<xsl:if>标记的下列两种语法格式。

第 1 种语法格式如下：

```
<xsl:if test="./ 子标记名称[@属性名称 关系操作符 '特定属性值']">
<!--标记内容-->
</xsl:if>
```

对于这种格式，关系元素将按字母顺序比较大小。

第 2 种语法格式如下：

```
<xsl:if test="./ 子标记名称[@属性名称 关系操作符 特定属性值]">
<!--标记内容-->
</xsl:if>
```

对于这种格式，要求属性值以及与其比较的特定值的内容都是数字字符，关系运算符将按数字大小进行比较。

（2）<xsl:if>示例

例 5-9 <xsl:if>语句应用示例。

首先创建 XML 文件 5-9. xml，代码如下：

```
<?xml version="1.0" encoding="gb2312"?>
<!--file name:5-9.xml-->
<?xml-stylesheet type="text/xsl" href="5-9.xsl"?>
<学生信息>
  <学生>
    <姓名>喜来登</姓名>
    <总分>580</总分>
```

```
    <排名 升 = "1" >第 2 名 </排名 >
  </学生 >
  <学生 >
    <姓名 >开心乐 </姓名 >
    <总分 >543 </总分 >
    <排名 降 = "5" >第 3 名 </排名 >
  </学生 >
  <学生 >
    <姓名 >孙猴子 </姓名 >
    <总分 >520 </总分 >
    <排名 升 = "3" >第 4 名 </排名 >
  </学生 >
  <学生 >
    <姓名 >牛魔王 </姓名 >
    <总分 >510 </总分 >
    <排名 降 = "4" >第 5 名 </排名 >
  </学生 >
  <学生 >
    <姓名 >哮天犬 </姓名 >
    <总分 >598 </总分 >
    <排名 升 = "2" >第 1 名 </排名 >
  </学生 >
</学生信息 >
```

与之关联的文件名为 5-9. xsl，代码如下所示：

```
< ?xml version = "1. 0" encoding = "gb2312" ? >
< ! -- file name:5-9. xsl -- >
< xsl:stylesheet xmlns:xsl = "http://www. w3. org/TR/WD - xsl" >
< xsl:template match = "/" >
< html >
< head >
 < title > xsl:if 实例 </title >
</head >
< body >
< xsl:apply - templates select = "学生信息/学生/ * "/ >
</body >
</html >
</xsl:template >
< xsl:template match = "学生信息/学生/姓名" >
< h2 > < font color = "red" >
< xsl:value - of select = ". "/ >
</font > </h2 >
</xsl:template >
```

```
<xsl:template match = "学生信息/学生/总分" >
总分:
<font size = "4" >
<xsl:value - of select = "."/>
</font>
</xsl:template>
<xsl:template match = "学生信息/学生/排名" >
<xsl:if test = ".[@升]" >
排名:
<font color = "blue" >
<xsl:value - of select = "."/>
</font> <sup>升<xsl:value - of select = "./@升"/>名</sup>
<xsl:if test = ".[@升$ge$3]" >
<font color = "teal" size = "4" >排名上升至少3位,请继续努力!
</font>
</xsl:if>
</xsl:if>
<xsl:if test = ".[@降]" >
排名:
<font color = "green" >
<xsl:value - of select = "."/>
</font> <sub>降<xsl:value - of select = "./@降"/>名</sub>
</xsl:if>
</xsl:template>
</xsl:stylesheet>
```

在 IE 浏览器中运行 5-9. xml，结果如图 5-9 所示。

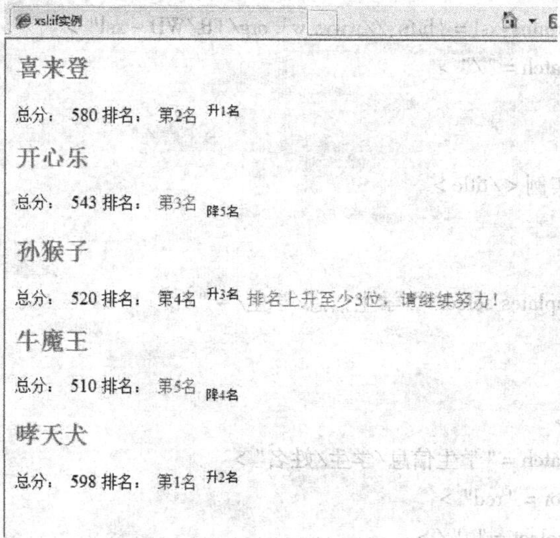

xsl:if实例

喜来登

总分：580 排名：第2名 升1名

开心乐

总分：543 排名：第3名 降5名

孙猴子

总分：520 排名：第4名 升3名 排名上升至少3位，请继续努力！

牛魔王

总分：510 排名：第5名 降4名

哮天犬

总分：598 排名：第1名 升2名

图 5-9　<xsl:if>实例执行结果

2. 多条件判断指令<xsl:choose>

<xsl:choose>可以对数据同时测试多个条件，根据不同条件输出不同的结果，该元素没有属性设置，表示一个多选测试的开始。<xsl:choose>包含了一组<xsl:when>元素，在test属性中可以设置多种条件。测试时将从上至下一次匹配直到找到满足的条件。如果所有<xsl:when>元素都不满足条件，则应用<xsl:otherwise>元素，该元素无属性设置。基本语法格式如下：

```
<xsl:choose>
<xsl:when test="条件1">
<!--样式定义-->
</xsl:when>
…
<xsl:when test="条件n">
<!--样式定义-->
</xsl:when>
<xsl:otherwise>
<!--样式定义-->
</xsl:otherwise>
</xsl:choose>
```

下面创建一个示例来说明<xsl:choose>标记的使用方法。

例 5-10 <xsl:choose>语句应用示例。

与之关联的5-10.xsl文件代码如下：

```
<?xml version="1.0" encoding="GB2312"?>
<!--file name:5-10.xml-->
<xsl:stylesheet xmlns:xsl="http://www.w3.org/TR/WD-xsl">
<xsl:template match="/">
 <html>
  <head>
  <title>xsl:choose 实例</title>
 </head>
 <body>
  <ul type="1">
   <xsl:apply-templates select="学生信息/学生/*"/>
  </ul>
 </body>
 </html>
</xsl:template>
 <xsl:template match="学生/*">
 <xsl:choose>
 <xsl:when test=".[@升$ge$2]">
 <font style="color:red;font-size:30">
   <xsl:value-of select="../姓名"/>
```

```
    <xsl:value-of select="../总分"/>
    <xsl:value-of select="../排名"/>
    排名上升了<xsl:value-of select="@升"/>名
    </font>
   </xsl:when>
   <xsl:when test=".[@降$gt$2]">
   <font style="color:green;font-size:20">
     <xsl:value-of select="../姓名"/>
    <xsl:value-of select="../总分"/>
    <xsl:value-of select="../排名"/>
    排名下降了<xsl:value-of select="@降"/>名
    </font>
    </xsl:when>
   <xsl:otherwise>
    <p></p>
   </xsl:otherwise>
   </xsl:choose>
 </xsl:template>
 </xsl:stylesheet>
```

在 IE 浏览器中运行 5-10.xml 文件，结果如图 5-10 所示。

xsl:choose实例

开心乐 543 第3名 排名下降了5名

孙猴子 520 第4名 排名上升了3名

牛魔王 510 第5名 排名下降了4名

哮天犬 598 第1名 排名上升了2名

图 5-10　<xsl:choose>实例执行结果

3. 循环处理指令

如果需要对 XML 文档中多个相同结点的数据进行同样的处理和输出，就可以使用<xsl:for-each>语句作为循环处理指令，然后通过<xsl:value-of>来具体指定输出的子结点。这种循环处理的指令能够遍历整个 XML 文档结构树，其基本语法格式如下：

```
<xsl:for-each select="标记匹配模式"order-by:"标记名称">
<xsl:value-of …/>
…
</xsl:for-each>
```

其中，order-by 是一个可选项，用于将显示的元素按一定的顺序排列。以分号分隔其属性值的排列列表，如果属性值前面有“+”，则按升序排列；如果有“-”，则按降序排列。默认情况下按升序排列。例如：

```
<xsl:for-each select="book/author" order-by:"+price">
```

下面创建一个示例说明 <xsl:for-each> 标记的使用方法。

例 5-11　<xsl:for-each> 语句应用示例，XML 文档代码见例 5-10。

与之关联的 5-11. xsl 文件，代码如下：

```
<?xml version="1.0" encoding="GB2312"?>
<!--file name:5-11.xsl-->
<xsl:stylesheet xmlns:xsl="http://www.w3.org/TR/WD-xsl">
<xsl:template match="/">
<html>
 <head>
 <title>xsl:for-each 实例</title>
</head>
<body>
 <xsl:apply-templates/>
</body>
</html>
<h3 align="center">班级学生排名变化一览表</h3>
<hr/>
<xsl:for-each select="学生信息/学生" order-by=" -总分">
 <span style="font-style:italic">姓名: </span>
<xsl:value-of select="姓名"/><br/>
 <span style="font-style:italic">总分: </span>
<xsl:value-of select="总分"/><br/>
 <span style="font-style:italic">排名: </span>
<xsl:value-of select="排名"/><br/>
<span style="font-style:italic">变化: </span>
<xsl:if test="./排名[@升]">
      <font color="red">上升<xsl:value-of select="*/@升"/>名
      </font>
      <hr/>
</xsl:if>
<xsl:if test="./排名[@降]">
      <font color="green">下降<xsl:value-of select="*/@降"/>名
      </font>
      <hr/>
   </xsl:if>
 </xsl:for-each>
</xsl:template>
</xsl:stylesheet>
```

运行 5-11. xml 文件，结果如图 5-11 所示。

xsl:for-each实例

班级学生排名变化一览表

姓名： 哮天犬
总分： 598
排名： 第1名
变化： 上升2名

姓名： 喜来登
总分： 580
排名： 第2名
变化： 上升1名

姓名： 开心乐
总分： 543
排名： 第3名
变化： 下降5名

姓名： 孙猴子
总分： 520
排名： 第4名
变化： 上升3名

姓名： 牛魔王
总分： 510
排名： 第5名
变化： 下降4名

图 5-11　<xsl:for-each>实例执行结果

5.3　XSLT 的未来

由于 XML 在跨平台数据传输中的不断应用，XSLT 作为相应的数据转换方式也显得越来越重要，例如直接将电视新闻的数据格式转换成网络媒体需要的数据格式；将股票数据直接转换成图片显示在网页上；对 EDI（电子数据交换）数据进行统计、排序等。XSLT 是处理类似工作的理想工具，势必在未来的互联网行业得到更好的发展。

5.4　小结

CSS 即为级联样式表，语法简单易学，因此使用起来很方便，主要用来进行网页风格设计。使用 CSS 可使设计的 XML 文档在显示出来的时候更美观、更人性化。

使用 CSS 可以对 XML 文档进行字体、字号、颜色、边框、填充和边界等进行设置。

XSL 由两部分组成：第 1 部分是 XSLT，即 XSLT Transformation 转化 XML 文档，可以把 XML 文档从一种格式转换为另一种格式。它使用 XPath 匹配节点，把一个 XML 文档转换为另一个不同的文档，得到的文档可以是 XML、HTML、无格式文本或任何其他基于文本的文档；XSL 的第 2 部分是 XSL 格式化对象（Formatting Object），格式化对象提供了 CSS 的另一种方式来格式化 XML 文档，并把样式应用到 XML 文档上。因此，XSL 在转换 XML 文档时分为明显的两个过程，首先转换文档结构，其次将文档格式化输出。

使用 XSL 来格式化显示一个 XML 文档，首先应创建一个相应的 XSL 文档，然后再将其链接到 XML 文档中。XSL 文档完全符合 XML 语法规定，可看成是一种特殊的 XML 文档。

模板是 XSL 最重要的概念之一。XML 处理器中的 XSL 引擎就是根据模板中的格式规定来对 XML 文档进行转换的。一个 XSL 文档至少应包含一个与根结点匹配的模板，不同的模板完成不同 XML 元素的格式转换任务。

5.5 实训

1. 实训目的

通过本章实训进一步掌握 CSS 的语法及在 XML 页面中的综合应用。

2. 实训内容

1）用 CSS 样式表修饰 XML 文档，使招聘启事的运行效果如图 5-12 所示。

图 5-12　用 CSS 修饰 XML 页面

XML 文档代码如下：

```
<?xml version="1.0" encoding="gb2312"?>
<!--file name:实训 1.xml-->
<?xml-stylesheet href="shixun2.css" type="text/css"?>
<work>
<title>火锅英雄招贤纳士</title>
<content>
    <item>
        <head>服务员 10 名</head>
        <obtain>一年以上工作经验,沟通能力强。底薪 1000-2000 元/月。
        </obtain>
    </item>
    <item>
        <head>配菜师傅 3 名</head>
        <obtain>具有 3 年以上相关工作经验,能吃苦耐劳。底薪 2000-3000 元/月。
        </obtain>
    </item>
    <item>
```

```
        <head>收银员 2 名</head>
        <obtain>有会计相关工作经验,细心。底薪 2000 - 4000 元/月。
        </obtain>
    </item>
</content>
<connection>
  <address>重庆市江北区红石路 255 号</address>
  <email>电子邮件:net123@163.com</email>
  <tel>联系方式:023 - 66661111</tel>
<connection>
</work>
```

与之关联的 CSS 样式表文件内容如下:

```
@charset"gb2312";
/* CSS Document */
work
{
border:dotted;
border-bottom-color:#000000;
border-width:1px;
width:300px;
text-align:center;
height:260px
}
title
{
padding-top:10px;
background-color:#0099CC;
color:#CC0000;
font-size:25pt;
font-weight:900;
text-align:center;
width:100%;
height:20%
}
content
{
background-color:#FFFFCC;
width:100%;
height:60%
}
item head
{
```

```
background - color:lavender;
text - indent:15pt;
display:list - item;
font - family:宋体;
color:#FF0000
}
item obtain
{
padding - left:20pt;
font - family:楷体_gb2312;
font - size:10pt
}
connection address
{
border - bottom:3px double gray;
background - color:#0099CC;
color:#FFFFFF;
font - size:10pt;
width:100% ;
height:8% ;
display:block;
text - align:center
}
connection email
{
border - bottom:1px dotted green;
background - color:#0099CC;
color:#CCFFCC;
font - size:10pt;
width:100% ;
height:6% ;
display:block;
text - align:center
}
connection tel
{
background - color:#0099CC;
color:#FFFFFF;
font - size:10pt;
width:100% ;
height:6% ;
text - align:center
}
```

2）用 XSL 样式表修饰 XML 文档，使页面中显示所有的五言律诗或七言绝句，运行效果如图 5-13 和图 5-14 所示。

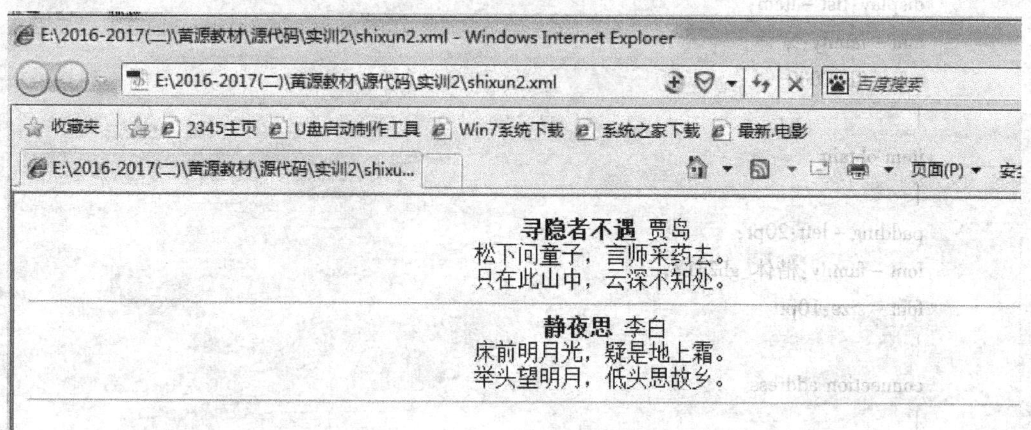

图 5-13　页面中显示所有的五言律诗

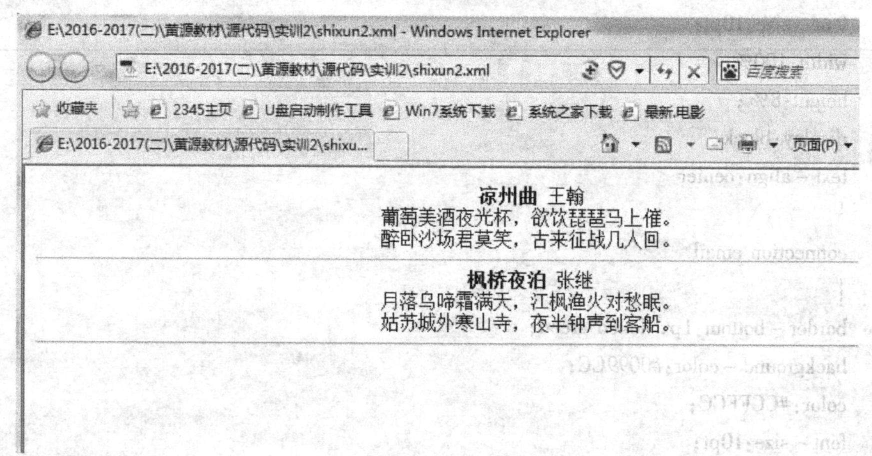

图 5-14　页面中显示所有的七言绝句

用于显示的 XML 文件代码如下：

```
<?xml version = "1.0"  encoding = "gb2312" ? >
<! -- File Name:shixun2.xml -- >
<?xml - stylesheet type = "text/xsl" href = "shixun2.xsl" ? >//如果显示七言绝句,就改为 shixun2 -2.xsl
<唐诗>
<五言律诗>
  <作者 字号 = "季真" >贾岛</作者>
  <标题>寻隐者不遇</标题>
  <诗文>
    <节>松下问童子,言师采药去。</节>
    <节>只在此山中,云深不知处。</节>
```

```
    </诗文>
  </五言律诗>
  <五言律诗>
    <作者 字号="太白">李白</作者>
    <标题>静夜思</标题>
    <诗文>
      <节>床前明月光,疑是地上霜。</节>
      <节>举头望明月,低头思故乡。</节>
    </诗文>
  </五言律诗>
  <七言绝句>
    <作者 字号="子羽">王翰</作者>
    <标题>凉州曲</标题>
    <诗文>
      <节>葡萄美酒夜光杯,欲饮琵琶马上催。</节>
      <节>醉卧沙场君莫笑,古来征战几人回。</节>
    </诗文>
  </七言绝句>
  <七言绝句>
    <作者 字号="懿孙">张继</作者>
    <标题>枫桥夜泊</标题>
    <诗文>
      <节>月落乌啼霜满天,江枫渔火对愁眠。</节>
      <节>姑苏城外寒山寺,夜半钟声到客船。</节>
    </诗文>
  </七言绝句>
</唐诗>
```

用于格式控制的 shixun2. xsl 文件代码如下:

```
<?xml version="1.0" encoding="gb2312"?>
<xsl:stylesheet xmlns:xsl="http://www.w3.org/TR/WD-xsl">
<!--File Name:shixun2.xsl-->
<xsl:template match="/">
 <xsl:for-each select="唐诗/五言律诗">
  <center>
   <b><xsl:value-of select="标题"/></b>
   <xsl:value-of select="作者"/><br/>
   <xsl:for-each select="诗文/节">
     <xsl:value-of/><br/>
   </xsl:for-each><hr/>
  </center>
 </xsl:for-each>
</xsl:template>
```

```
</xsl:stylesheet>
```

用于格式控制的 shixun2－2. xsl 文件代码如下：

```
<?xml version = "1.0" encoding = "gb2312"?>
<xsl:stylesheet xmlns:xsl = "http://www.w3.org/TR/WD-xsl">
<!-- File Name:shixun2-2.xsl -->
<xsl:template match = "/">
 <xsl:for-each select = "唐诗/七言绝句">
  <center>
  <b><xsl:value-of select = "标题"/></b>
  <xsl:value-of select = "作者"/><br/>
  <xsl:for-each select = "诗文/节">
    <xsl:value-of/><br/>
  </xsl:for-each><hr/>
  </center>
 </xsl:for-each>
 </xsl:template>
</xsl:stylesheet>
```

5.6 习题

1. 选择题

1）如果需要在 XML 文件中显示 css 样式表，那么需要导入到文件后缀名为（　　）。

A. css　　B. html　　C. xml　　D. xsl

2）在 css 中显示页面背景的属性为（　　）。

A. color　　B. background　　C. table　　D. back

3）在 css 中设置文本居中的代码为（　　）

A. text－align：center　　B. text：center　　C. text－align：left　　D. text－align：right

4）下面关于 XSLT 属性的叙述正确的是（　　）。

A. temola 是指模板　　B. 排序元素是 sort

C. XSLT 不能生成纯文本文档　　D. XSLT 是指 XML 对象模型

5）下面关于 XSLT 属性的叙述正确的是（　　）。

A. xsl：for－each 指节点循环处理　　B. xsl：for－each 指对象循环处理

C. xsl：for－each 指树根元素循环处理　　D. xsl：for－each 指文档循环处理

2. 简答题

1）什么是 CSS？它的作用是什么？

2）要使用 CSS 来呈现一个 XML 文档需要哪些步骤？

3）XSLT 有什么用途？为什么要使用 XSL？它主要由哪几部分组成？

4）如何建立 XML 文档与 XSLT 的关联？

5）XSLT 与 CSS 的区别有哪些？

6）应用 CSS 文档美化页面，使 XML 页面的显示效果如图 5-15 所示。

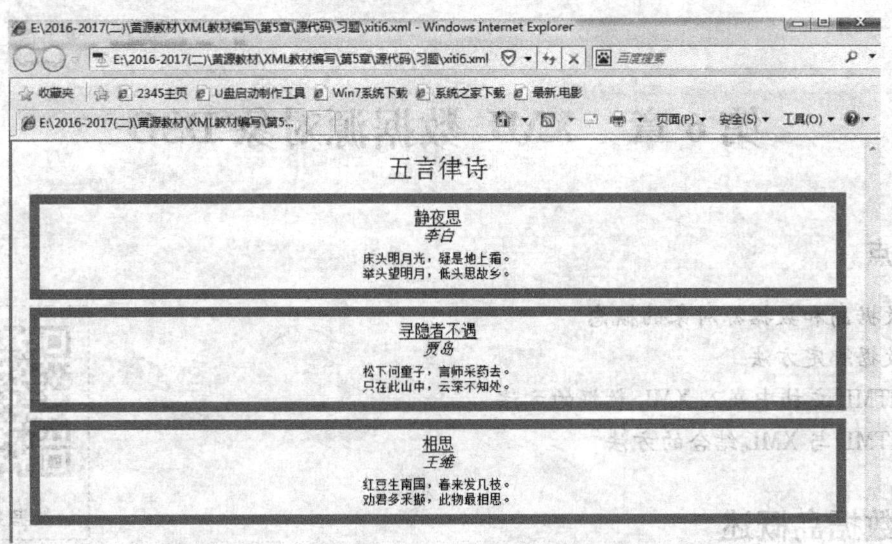

图 5-15　简答题 6）中 XML 文件运行要达到的效果

7）应用 XSL 模板，使 XML 页面的显示效果如图 5-16 所示。

2015级计算机工程系学生信息

学号	姓名	性别	生日	入学成绩
1003	周海媚	女	1996.5.28	611
1001	孙猴子	男	1994.10.21	605
1004	陈旭东	男	1996.6.19	602
1002	吴君如	女	1995.8.25	596
1005	夏一凡	女	1995.3.15	581

图 5-16　简答题 7）中 XML 文件运行要达到的效果

第 6 章　XML 数据源对象 DSO

本章要点

- 数据岛和数据源对象的概念
- 数据绑定方法
- HTML 文档中嵌入 XML 数据的方法
- HTML 与 XML 结合的方法

数据岛概述

6.1　数据岛概述

XML 侧重于如何结构化地描述数据，但本身不能决定如何显示这些数据，而 HTML 在这方面的功能却非常强大，如果能将 XML 作为数据源，借助 HTML 网页来显示，那么就结合了两者的长处，既保持了 XML 文档数据与其层状架构，使得数据的存储与利用具有极大的灵活性，又使 XML 文档具备 HTML 网页的丰富的显示格式，以及强有力的可编程性。

和 HTML 文档绑定的 XML 文档称为数据源对象（Data Source Object，DSO），而嵌入 HTML 页面中的 XML 代码称为 XML 数据岛（Data Islands）。从数据库的角度来看，XML 文件就是一个数据库，XML 的结构是层状数据库系统，但是从某一层的局部来看，又相当于关系型数据库，即二维表。我们可以通过在 HTML 中适当的位置采用一定的 HTML 标记导入 XML 元素或属性的值，从而在 HTML 网页中来调用 XML 中的数据。

XML 数据岛允许用户在 HTML 页面中集成 XML、对 XML 编写脚本，而不需要通过脚本或 <OBJECT> 标签读取 XML。几乎所有能够存在于一个结构完整的 XML 文档中的东西都能存在于一个数据岛中，包括处理指示、DOCTYPE 声明和内部子集（注意，编码串不能放在数据岛中）。

例 6-1　DSO 显示 XML 文档步骤示例。

1）创建名为 6-1. xml 的文档：

```
<?xml version = "1.0" encoding = "gb2312"?>
<学生列表>
  <学生>
    <学生姓名>张三</学生姓名>
    <学号>20150894</学号>
    <班级>15 软件技术 3 班</班级>
  </学生>
  <学生>
    <学生姓名>李四</学生姓名>
```

```
        <学号>20150895</学号>
        <班级>15 软件技术 2 班</班级>
    </学生>
    <!--其他学生元素-->
</学生列表>
```

在该文档中，其“学生列表”根元素包含的每一个“学生”元素都可以视为一个数据记录，而嵌套在每一个“学生”元素中的“学生姓名”“学号”“班级”等元素可视为数据字段。

2）创建名为 6-1. html 的文档，具体代码如下：

```
<html>
<head>
<title>数据岛的创建</title>
</head>
<body>
<h1>学生信息</h1>
<xml id="dsoStudent" src="6-1.xml"></xml>
<ul>
<li><span datasrc="#dsoStudent" datafld="学生姓名">
<li><span datasrc="#dsoStudent" datafld="学号">
<li><span datasrc="#dsoStudent" datafld="班级">
</ul>
</body>
</html>
```

使用 DSO 在 HTML 中显示上述 XML 文档中的数据，步骤如下：

1）把要显示的 XML 文档绑定在一个 HTML 文档中。这个步骤通过在 HTML 文档中添加一个名为 XML 的特定元素来实现，将 6-1. xml 文档绑定到 HTML 文档中，可以在 HTML 中加入以下代码：

```
<XML ID="dsoStudent"   SRC="6-1.xml">
</XML>
```

2）将 XML 文档中的元素与 HTML 文档中特定的元素绑定。当把某个指定的 XML 元素绑定到一个特定的 HTML 元素时，这个 HTML 元素就会自动显示所绑定的 XML 元素的内容。例如将 6-1. xml 文档中的“学号”元素绑定到位于 HTML 文档中的 SPAN 元素：

```
<SPAN DATASRC="#dsoStudent" DATAFLD="学号">
</SPAN>
```

绑定后，HTML 网页中的 SPAN 元素就会显示 XML 文档中“学号”的内容。

当使用 IE 浏览器浏览绑定了 XML 文档的 HTML 文档时，浏览器会按照 XML 的规则解析 XML 文档的内容，IE 浏览器同时会建立一个可程序化的数据源对象 DSO，将 XML 文档的内容作为数据存储成 Recordest（记录集）的形式，形成嵌入在 HTML 文档中的数据岛，使之能够对 XML 文档的数据进行存储和访问。

值得注意的是：数据岛只能在 IE 浏览器中有效运行。

6.2 数据岛的具体应用

6.2.1 XML 绑定到网页标记中

使用微软 IE 5.0 或者更高版本的浏览器，可以轻松地把 XML 数据以数据岛的方式引入到 HTML 页面中，从而省去了手工填充数据的麻烦。此外，如果改变 XML 文档的数据，绑定到 HTML 页面中的对应的值也会随之而改变。

1. 在 HTML 中引入 XML 数据岛

如果要使用 DSO 技术，首先必须要在 HTML 文档中引入 XML 文档，使用方法有两种：一种是在 HTML 中直接嵌入 XML，另一种是外部引入 XML 数据，这两种不同的数据岛形式分别称为内部数据岛和外部数据岛。

(1) 内部数据岛

在 HTML 文档中直接嵌入 XML 数据岛，是指将 XML 文档内容直接放在 <xml> 标签对中，称为内部数据岛。

例 6-2 内部数据岛的应用示例。

创建 HTML 文档，保存为 6-2. html：

```
<html>
<head>
</head>
  <body>
    <xml id = "xmldata" >
      <?xml version = "1.0"  encoding = "gb2312"?>
      <book>
        <name>红楼梦</name>
        <author>曹雪芹</author>
        <date>2017-03-23</date>
      </book>
    </xml>
  </body>
</html>
```

通过 IE 浏览器可以运行 6-2. html，得到验证结果，如图 6-1 所示。

红楼梦 曹雪芹 2017-03-23

图 6-1 验证结果

(2) 外部数据岛

外部引入 XML 数据，则是通过指定 <xml> 标签的 src 属性来实现的，称为外部数据岛。绑定 XML 文档的语法格式如下：

```
<xml ID = "xmlData"  SRC = "xml_URL" >
</xml >
```

其中，ID 属性用于为生成的数据岛指定一个唯一标识符，SRC 属性用于指定被绑定的 XML 文档的 URL，也可以是相对位置。例如：

```
<xml ID = "xmlData"  SRC = "book. xml" >
</xml >
```

该例引用了一个外部的 XML 文档 book. xml，其中语句 ID = "xmlData" 定义了数据源的名称，语句 SRC = "book. xml" 给出了引用外部 XML 文档的路径。

2. 将数据绑定到 HTML 标签

将数据岛中的数据绑定到 HTML 中，需要指定 HTML 标签的两个属性：datasrc 和 datafld。其中，datasrc 表示的是数据源，即绑定哪个数据源，datafld 表示的是绑定哪个字段。当这两个属性都被正确指定后，HTML 就会显示 XML 中的数据了。下面用一个例子来说明，此例中在 HTML 中引入 XML 数据岛使用外部数据岛方法。

例 6-3　将 XML 数据绑定到 HTML 示例。

创建 XML 文档，保存为 6-3. xml：

```
<?xml version = "1.0"  encoding = "gb2312"?>
    <book>
        <name>红楼梦</name>
        <author>曹雪芹</author>
        <date>2017 - 03 - 23</date>
    </book>
```

将 6-3. xml 通过外部引入到 HTML 中，然后通过绑定到 span 标签中来显示 XML 中的数据。创建 HTML 文档，并保存为 6-3. html：

```
<html>
<head>
<title>数据绑定</title>
</head>
<body>
<xml id = "xmldata" >
<?xml version  = "1.0"  encoding = "GB2312"?>
            <book>
                <name>红楼梦</name>
                <author>曹雪芹</author>
                <date>2017 - 03 - 23</date>
            </book>
```

```
</xml>
<h2>绑定的数据</h2>
书名:<span datasrc="#xmldata" datafld="name"></span><br/>
作者:<span datasrc="#xmldata" datafld="author"></span><br/>
出版日期:<span datasrc="#xmldata" datafld="date"></span><br/>
</body>
</html>
```

该例使用<xml id="xmldata">语句定义数据源的名称，使用<span datasrc="#xmldata" datafld="name"></span>语句绑定数据，其中 datasrc="#xmldata"指明绑定的数据源名称，在 xmldata 之前必须要加上“#”。语句 datafld=" name" 指定了绑定的元素名称为“name”，datafld="author"指定了绑定的元素名称为“author”，datafld="date"指定了绑定的元素名称为“date”。其中在数据岛中绑定的元素名称要与 XML 文档中的元素名称一致。

通过 IE 浏览器可以运行 6-3. html，得到验证结果，如图 6-2 所示。

绑定的数据

书名：红楼梦
作者：曹雪芹
出版日期：2017-03-23

图 6-2　数据岛显示

想一想：*如果把 6-1. xml 文档作为外部数据岛，如何在 HTML 网页中显示 XML 文档的记录，试写出 HTML 文档代码并在 IE 浏览器中浏览验证。*

3. 支持数据绑定的 HTML 元素

XML 数据岛不仅可以绑定在 span 标签中，还可以绑定在其他标签中，将 XML 文档和 HTML 元素绑定时，要注意 3 点：①并非每个 HTML 元素都可以绑定 XML 文档；②并非每个 HTML 元素都能更新 XML 数据岛；③并非每个 HTML 元素都可以将 XML 数据岛的节点文本呈现为 HTML。

表 6-1 中列出了可以绑定的 HTML 元素，并指出该元素是否可以更新数据岛，以及数据岛的节点文本是否能呈现为 HTML。

表 6-1　可绑定到 XML 的 HTML 元素

HTML 元素	可 更 新	呈现 HTML
a	否	否
applet	是	否
button	否	是
div	否	是
frame	否	否
iframe	否	否
img	否	否

（续）

HTML 元素	可 更 新	呈现 HTML
input type = "button"	否	是
input type = "checkbox"	是	否
input type = "hidden"	是	否
input type = "password"	是	否
input type = "radio"	是	否
input type = "text"	是	否
legend	否	是
marquee	否	是
select	是	否
span	否	是
table	否	是
textarea	否	否

6.2.2 使用表格显示数据岛

通过前面的学习，我们可以将 XML 文档绑定到 HTML 网页文档，再使用 HTML 标签，例如，SPAN、DIV、BUTTON 等绑定到个别的 XML 字段，在 HTML 页面中自动显示所绑定的 XML 字段的内容。使用这种方法来显示所绑定的 XML 文档数据时，能显示的数据有限，如果要使数据岛中的数据全部显示，可以使用表格实现。

要显示 XML 文档中的连续数据，最简单有效的方法就是将 XML 数据源对象绑定到 HTML 文档的 <TABLE>元素，可以在网页的表格中一次显示全部的 XML 数据记录，可以借助 DSO 更方便有效地处理表格数据，IE 浏览器会处理所有的转换和显示过程，而不必撰写或调用额外的脚本程序。

1. 使用简单表格显示 XML 记录

例 6-4 用表格显示 XML 数据岛示例。

```
<?xml version = "1.0" encoding = "GB2312"?>
<成绩表>
        <学生>
          <姓名>王离</姓名>
          <语文成绩>82</语文成绩>
          <数学成绩>78</数学成绩>
        </学生>
<学生>
          <姓名>张贺</姓名>
          <语文成绩>85</语文成绩>
          <数学成绩>87</数学成绩>
        </学生>
<学生>
```

```
        <姓名>谭祥</姓名>
        <语文成绩>80</语文成绩>
        <数学成绩>73</数学成绩>
    </学生>
</成绩表>
```

在 XML 文档中，根元素“成绩表”包含了一组相同形式的“学生”记录元素，而且每一条记录元素拥有相同的一组字段元素“姓名”“语文成绩”“数学成绩”，且这些字段元素只包含字符数据。

将 6-4. xml 作为数据源对象绑定到 HTML 文档的 TABLE 标记之后，XML 文档中每一个记录的数据都会分别显示在 HTML 网页的表格中。创建 6-4. html 文件，实现以表格显示数据。

```
<html>
<head> <title>数据绑定</title> </head>
<body>
<h3 align=center>数据岛绑定实例</h3>
<xml id="XMLData" src="6-4. xml"> </xml>
    <table id="tblbooks" datasrc="#XMLData" border=1 datapagesize=2 width="100%">
        <thead>
          <th style="font-style:blod">姓名</th>
          <th style="font-style:blod">语文成绩</th>
          <th style="font-style:blod">数学成绩</th>
        </thead>
        <tr>
          <td> <spandatafld="姓名"> </span> </td>
          <td> <spandatafld="语文成绩"> </span> </td>
          <td> <spandatafld="数学成绩"> </span> </td>

        </tr>
        </table>
</body>
</html>
```

在上例中，通过如下代码行将 6-4. xml 文档绑定到一个标识符为 tab 的数据岛：

```
<XML ID="tab" SRC="6-4. xml">
</XML>
```

接着将 HTML 文档中的 TABLE 元素的 DATASRC 属性设定成数据岛的标识符，XML 文档的整个记录集就被绑定到该 TABLE 元素，代码行如下：

```
<TABLE DATASRC="#tab" BORDER="1" WIDTH="80%">
```

6-4. html 中的表格包括标题行（THEAD）、数据行（TR）和数据列元素（TD），其中，每一 TD 元素包含一个 SPAN 元素，这个 SPAN 元素被绑定到 XML 文档记录的某个字段，以便让该元素能够显示对应字段的内容。例如，第一个 TD 元素包含了一个绑定到“姓名”字段的 SPAN 元素：

```
<TD> <SPAN  DATAFLD="姓名"> </SPAN> </TD>
```

SPAN 元素通过将 XML 字段的名称设定到该元素的 DATADFLD 属性中来实现绑定到指定的 XML 字段。

通过 IE 浏览器可以运行 6-4. html 得到验证结果，如图 6-3 所示。

数据岛绑定实例

姓名	语文成绩	数学成绩
王离	82	78
张贺	85	87

图 6-3　数据岛的表格显示数据

2. 使用分页表格显示 XML 记录

分页显示数据岛

如果 XML 文档中包含的记录非常多，可以通过将表格分页的方式加以显示，而不必一次性把所有记录显示在一个冗长的表格中。要将 XML 文档中的记录用分页表格的方式来显示，有以下几个步骤：

1）将被绑定的 TABLE 元素的 DATAPAGESIZE 属性设置为希望每一页显示的记录个数。例如，希望每一页显示 5 条记录，可以将 TABLE 元素的 DATAPAGESIZE 属性的值设置为 5：

```
<TABLE DATASRC="#tab"  DATAPAGESIZE="5">
```

2）为被绑定的 TABLE 元素的 ID 属性指定一个唯一的识别代号，例如：

```
<TABLE ID="tab"  DATASRC="#tab"  DATAPAGESIZE="5">
```

3）为了实现在各表格页之间的翻页浏览，还需要使用 Script 调用 DSO 用于控制分页显示的方法，这里假设当前的 HTML 文档中嵌入了一个 XML 的数据岛，其 ID 标识符为 Example，可以调用的显示方法如表 6-2 所示。

表 6-2　DSO 用于分页的方法列表

方　法	功　能	调用范例
firstPage( )	显示记录的第一页	Example. firstPage( )
previousPage( )	显示记录的前一页	Example. previousPage( )
nextPage( )	显示记录的下一页	Example. nexPage( )
lastPage( )	显示记录的最后一页	Example. lastPage( )

例 6-5　使用分页表格显示 XML 数据岛示例。

说明：因篇幅关系，添加的记录数量不多，读者在操作的时候可以多添加一些记录数据。

创建 XML 文档，并命名为 6-5. xml：

```
<?xml version = "1.0" encoding = "GB2312"?>
<员工表>
  <员工>
      <姓名>刘健</姓名>
      <部门>信息部</部门>
      <性别>男</性别>
       <职务>一般员工</职务>
  </员工>
  <员工>
     <姓名>侯飞</姓名>
      <部门>维护部</部门>
     <性别>男</性别>
      <职务>部门经理</职务>
  </员工>
  <员工>
      <姓名>杨飞</姓名>
       <部门>市场部</部门>
      <性别>男</性别>
       <职务>一般员工</职务>
  </员工>
  <员工>
      <姓名>李云</姓名>
      <部门>策划部</部门>
      <性别>女</性别>
       <职务>一般员工</职务>
  </员工>
  <员工>
      <姓名>周兰</姓名>
      <部门>商务部</部门>
      <性别>女</性别>
       <职务>部门经理</职务>
  </员工>
</员工表>
```

将6-5. xml记录实现分页表格显示的HTML文档，如下面6-5. html所示：

```
<html>
<head>
<title>分页显示</title>
</head>
<body>
<xml id = "xmldata" src = "6-5. xml" > </xml>
<h3 align = "center">分页显示数据</h3>
<center>
```

```
<button onclick = "people. firstPage()" >第一页 </button>
<button onclick = "people. previousPage()" >上一页 </button>
<button onclick = "people. nextPage()" >下一页 </button>
<button onclick = "people. lastPage()" >最后一页 </button>
</center>
<table datasrc = "xmldata" id = "people" dataPageSize = "1" width = "80%" align = "center" cellpadding = "0" cellspacing = "0" border = "1" >
<thead>
<th>姓名 </th>
<th>部门 </th>
<th>性别 </th>
<th>职务 </th>
</thead>
<tr>
<td> <div datafld = "姓名"/> </td>
<td> <div datafld = "部门"/> </td>
<td> <div datafld = "性别"/> </td>
<td> <div datafld = "职务"/> </td>
</tr>
</table>
</body>
</html>
```

因为6-5. xml中的记录数据有限，所以选择每一个分页显示一条记录，用语句dataPageSize = "1"实现功能。在IE浏览器中打开6-5. html，可以实现将所绑定的6-5. xml文档记录显示于一个每页1条记录的分页表格中，如图6-4所示。

分页显示数据

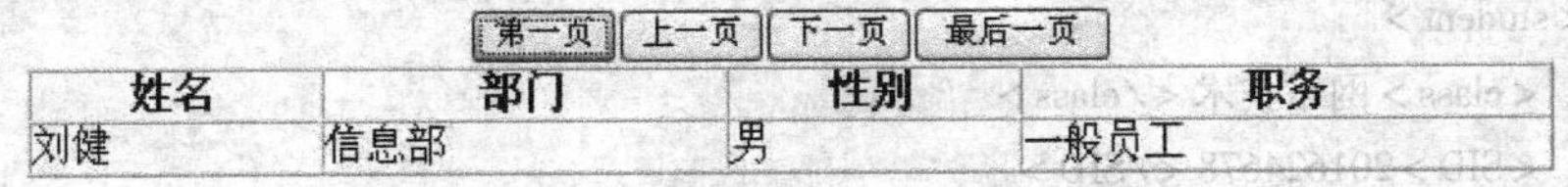

图6-4　数据岛的分页显示数据

6.2.3　使用DSO显示元素属性

对于某个XML元素所具有的属性，在使用DSO方式进行处理时，只需将该元素的属性作为记录的一个特定字段来处理即可。我们将三层结构的XML文档看作一个包含数据的数据库，每个第二层元素的数据相当于一条记录，而每个第三层元素的数据就相当于一个字段。

1. 显示XML记录的属性

在使用DSO处理XML文档中含有属性的记录元素时，可以将记录元素的属性作为它的子元素来显示。

例6-6　使用DSO显示XML记录的属性示例。

创建 XML 文档，并命名为 6-6. xml 文档：

```
<?xml version = "1.0" encoding = "gb2312"?>
<students>
  <student class = "软件技术">
    <SID>201613320</SID>
    <name>张丽</name>
    <sex>女</sex>
  </student>
  <student class = "网络技术">
    <SID>201624678</SID>
    <name>杨洋</name>
    <sex>男</sex>
  </student>
</students>
```

对于上述 XML 文档中“student”元素含有属性“class”，在使用 DSO 处理时，只需将“student”元素的“class”属性作为“student”记录的一个特定字段来处理即可，而“软件技术”或“网络技术”则视为该字段的内容：

```
<?xml version = "1.0" encoding = "gb2312"?>
<students>
  <student>
    <class>软件技术</class>
    <SID>201613320</SID>
    <name>张丽</name>
    <sex>女</sex>
  </student>
  <student>
    <class>网络技术</class>
    <SID>201624678</SID>
    <name>杨洋</name>
    <sex>男</sex>
  </student>
</students>
```

因此，可以利用普通的数据绑定技巧来存取元素属性的值。下面是对 6-6. xml 进行处理的 HTML 文档 6-6. html：

```
<html>
<head> <title>数据绑定</title> </head>
<body>
<h3 align = center>数据岛绑定实例</h3>
<xml id = "XMLData" src = "6-6. xml" > </xml>
    <table id = "tblbooks" datasrc = "#XMLData" border = 1 datapagesize = 2 width = "100%" >
```

```
        <thread>
            <th style="font-style:blod">班级</th>
            <th style="font-style:blod">学号</th>
            <th style="font-style:blod">姓名</th>
<th style="font-style:blod">性别</th>
        </thread>
        <tr>
            <td><span datafld="class"></span></td>
            <td><span datafld="SID"></span></td>
            <td><span datafld="name"></span></td>
            <td><span datafld="sex"></span></td>
        </tr>
        </table>
</body>
</html>
```

2. 显示 XML 字段的属性

在使用 DSO 对于 XML 文档中某个元素的字段中所包含的属性进行处理时，只需将该属性作为这个字段的特定子元素来处理即可。DSO 会把含有属性的字段元素以嵌套的形式，而不是以字段的形式存储。因此，XML 记录集将会变成一个阶层式的记录集，所以必须使用嵌套表格来显示所包含的嵌套数据。

例 6-7 使用 DSO 显示 XML 字段的属性示例。

创建 XML 文档，并命名为 6-7.xml：

```
<?xml version="1.0" encoding="gb2312"?>
<students>
  <student>
    <class>软件技术</class>
    <SID>201613320</SID>
    <name birthday="19980225">张丽</name>
    <sex>女</sex>
  </student>
  <student>
    <class>网络技术</class>
<SID>201624678</SID>
    <name birthday="19980613">杨洋</name>
    <sex>男</sex>
  </student>
<student>
    <class>计算机应用</class>
<SID>201624621</SID>
    <name birthday="19980113">于爽</name>
    <sex>女</sex>
  </student>
```

</students>对上述文档中含有“birthday”属性的“name”元素，在使用DSO来处理时，可以将“birthday”属性作为“name”元素的子元素，可以修改如下：

```
<name>
  <birthday>19980225</ birthday>
  张丽
</name>
```

我们可以看到，DSO会把含有属性的字段元素以嵌套的形式进行存储。因此，XML记录集将会变成一个阶层式的记录集，而不是一个简单的普通记录集，所以必须使用嵌套表格来显示所包含的嵌套数据。在处理时，DSO使用特殊的名称“$TEXT”来绑定元素内的字符数据，因此，XML文档中的“name”元素将解释成如下形式：

```
<name>
  <birthday>19980225</ birthday>
  <$TEXT>张丽</$TEXT>
</name>
```

在这里使用特殊名称“$TEXT”引用了“name”元素内的文字，但并不包括属性值，因此HTML文档中需要使用被嵌套的内层表格来显示这个元素及其内容，可用下面的HTML文档6-7.html来显示：

```
<HTML>
<HEAD>
<TITLE>显示XML字段的属性</TITLE>
</HEAD>
<BODY>
<xml id="XMLData" src="6-7.xml"></xml>
<CENTER>
<H2>学生信息表</H2>
<TABLE DATASRC="#xmldata"  BORDER="1"  CELLPADDING="2">
    <THEAD>
        <TH>class</TH>
        <TH>SID</TH>
        <TH>name</TH>
        <TH>birthday</TH>
    <TH>sex</TH>
    </THEAD>
    <TR ALIGN="center">
    <TD><SPAN DATAFLD="class"></SPAN></TD>
    <TD><SPAN DATAFLD="SID"></SPAN></TD>
        <TD>
        <TABLE  DATASRC="#xmldata" DATAFLD="name">
    <TR>
        <TD><SPAN DATAFLD="$TEXT"></SPAN></TD>
```

```
</TR>
</TABLE>
</TD>
  <TD>
<TABLE  DATASRC="#xmldata" DATAFLD="name">
    <TR>
        <TD><SPAN DATAFLD="birthday"></SPAN></TD>

    </TR>
</TABLE>
</TD>
<TD><SPAN DATAFLD="sex"></SPAN></TD>
  </TR>
</TABLE>
</CENTER>
</BODY>
</HTML>
```

该例使用语句<SPAN DATAFLD="birthday">显示元素中的属性。可以看出，上述HTML文档代码与使用嵌套表格显示XML文档记录的代码非常类似。在浏览器中打开6-7.html文档后的显示效果如图6-5所示。

学生信息表

class	SID	name	birthday	sex
软件技术	201613320	张丽	19980225	女
网络技术	201624678	杨洋	19980613	男
计算机应用	201624621	于爽	19980113	女

图6-5　数据岛的属性显示数据

练一练：将以下XML文档中的“商品”记录元素包含“商品编号”属性，请将该属性作为“商品”记录的一个特定字段来处理，并在HTML页面中显示。

```
<?xml version="1.0" encoding="GB2312"?>
<商品列表>
  <商品 商品编号="4189028">
      <名称>夏普(SHARP)LCD-50SU460A 50英寸</名称>
      <价格>3099</价格>
  </商品>
  <商品 商品编号="4189029">
      <名称>海信(Hisense)LED55EC520UA 55英寸</名称>
      <价格>3299</价格>
  </商品>
  <商品 商品编号="4189030">
```

```
        <名称>创维(Skyworth)60V8E 60 英寸</名称>
        <价格>5299</价格>
    </商品>
    <商品 商品编号="4189031">
        <名称>康佳(KONKA)V55U 55 英寸</名称>
        <价格>3999</价格>
    </商品>
</商品列表>
```

使用 DSO 与 Script 编程

6.2.4 使用 DSO 与 Script 编程

将 XML 文档绑定到 HTML 网页中时，在内存中会生成一个属于 DSO 的记录集对象。在 IE 以前的版本中，如果数据是通过 SQL 语言查询得到的结果，那么就把这个结果存放在 ADO（ActiveX Data Objects）记录集中。服务器把这种 ActiveX 控件（通常是 ADO 记录集）发送到客户端，由客户端脚本程序做进一步的处理。实际上，IE 就是把 XML 数据岛作为一种特殊的 ADO 记录集进行处理的。在这里，把 XML 想象成数据库，而 IE 则是与数据库联系的客户端。就好像 ASP 中的 recordset，那么在这里 DSO 对象也是一个 recordset，只不过它不在服务器脚本中操作，而是在 JavaScript 中操作。recordset 对象提供了一组符合 Microsoft 的 ADO 标准数据访问技术的方法和属性，因而可以通过 Script 变成调用这些方法和属性来对记录集进行访问和处理。

表 6-3 列出了 DSO 为 recordset 对象提供的一些常用方法，这里假设当前的 HTML 文档中嵌入了一个 XML 的数据岛，其 ID 标识符为 Example。

表 6-3　recordset 对象的一些常用方法

DSO 记录集方法	作　用	范　例
moveFirst()	指向第一个数据项	Example.recordset.moveFirst()
movePrevious()	指向前一个数据项	Example.recordset.movePrevious()
moveNext()	指向下一个数据项	Example.recordset.moveNext()
moveLast()	指向最后一个数据项	Example.recordset.moveLast()
move()	指向某条指定的数据项	Example.recordset.move()

在实际应用中，可以根据需要调用 recordset 对象的某一个方法来编写相关的 Script 程序。调用这些方法最简单的方式就是在 HTML 文档中通过将某个方法直接指定到 Button 元素的 OnClick 属性中，例如：

```
<BUTTON ONCLICK="Example.recordset.moveFirst()">
第一个
</BUTTON>
```

执行上述代码，会在网页中显示一个名为“第一个”的按钮，单击这个按钮时，被指定到 OnClick 属性的方法 Example.recordset.moveFirst()就会被调用，并执行该方法的动作，从而将记录集中的第一条记录变成当前记录。

例 6-8 使用 DSO 与 Script 编程示例。

在该例中，通过 XML 文档 6-8. xml 与 HTML 文档 6-8. html 进行绑定，在 IE 浏览器中打开 6-8. html 后可以让浏览者能够浏览和修改数据的按钮，而且还使用了 recordset 对象的 addNew( )方法设置了一个“添加”按钮，单击后可以在各个空白的文本框中输入新记录的各项数据。

XML 文档 6-8. xml 代码如下：

```
<?xml version = "1.0" encoding = "utf - 8"? >
<books >
  <book id = "0001" bookcategory = "文艺" amount = "150" remain = "80" discount = "8.5" >
        <title >三国演义 </title >
        <author >罗贯中 </author >
        <publisher >文艺出版社 </publisher >
        <ISBN >0 - 764 - 58007 - 8 </ISBN >
        <price >80.0 </price >
  </book >
  <book id = "0002" bookcategory = "文艺" amount = "300" remain = "180" discount = "8.7" >
        <title >红楼梦 </title >
        <author >曹雪芹 </author >
        <publisher >三秦出版社 </publisher >
        <ISBN >7805468397 </ISBN >
        <price >22 </price >
  </book >
  <book id = "0065" bookcategory = "文学" amount = "120" remain = "86" discount = "8.0" >
        <title >外国文学史(亚非卷) </title >
        <author >朱维之 </author >
        <publisher >南开大学出版社 </publisher >
        <ISBN >7 - 310 - 01122 - 8 </ISBN >
        <price >20 </price >
  </book >
  <book id = "0076" bookcategory = "文学" amount = "130" remain = "84" discount = "8.0" >
        <title >20 世纪欧美文学简史 </title >
        <author >李明滨 </author >
        <publisher >北京大学出版社 </publisher >
        <ISBN >7 - 301 - 04616 - 2 </ISBN >
        <price >21.8 </price >
  </book >
  <book id = "0012" bookcategory = "文学" amount = "210" remain = "60" discount = "8.5" >
        <title >西方文艺理论名著教程(下) </title >
        <author >胡经之 </author >
        <publisher >北京大学出版社 </publisher >
        <ISBN >7 - 301 - 00179 - 7 </ISBN >
        <price >23 </price >
```

```
</book>
</books>
```

HTML 文档 6-8. html 代码如下：

```
<!DOCTYPE HTML PUBLIC " -//W3C//DTD HTML 4.0 Transitional//EN">
<html>
  <head>
  <title>HTML 中的数据岛中的记录集</title>
 </head>
 <body>
    <xml id="XMLdata" src="6-8.xml"></xml>  <!--引入 XML 数据源 -->
    <center><b><font size="3">HTML 中的 XML 数据岛记录编辑与添加</font></b>
    </center><hr/>
   书名：<input type="text" datasrc="#XMLdata" datafld="title" size="25"><br/>
   类别：<input type="text" datasrc="#XMLdata" datafld="bookcategory" size="15"><br/>
   书号：<input type="text" datasrc="#XMLdata" datafld="ISBN" size="25"><br/>
   作者：<input type="text" datasrc="#XMLdata" datafld="author" size="25"><br/>
   出版社：<input type="text" datasrc="#XMLdata" datafld="publisher" size="23"><br/>
   定价：<input type="text" datasrc="#XMLdata" datafld="price" size="15"><br/>
   剩余数量：<input type="text" datasrc="#XMLdata" datafld="remain" size="15"><br/>
    <hr/>
    <input id="first" type="button" value="<<第一条"
   onclick="XMLdata.recordset.moveFirst">                 <!--数据岛的基本方法 -->
    <input id="prev" type="button" value="<上一条"
   onclick="XMLdata.recordset.movePrevious">
    <input id="next" type="button" value="下一条>"
   onclick="XMLdata.recordset.moveNext">
    <input id="last" type="button" value="最后一条>>"
   onclick="XMLdata.recordset.moveLast">
    <input id="add" type="button" value="添加" onclick="XMLdata.recordset.addNew">
    </body>
    </html>
```

6-8. html 在 IE 浏览器中打开后的显示效果如图 6-6 所示。

在此需要注意，此例是在客户端的浏览器中对数据岛的记录数据进行修改和添加的，更新后的记录集合只是保存在内存中，而非与之绑定的 XML 文档中，因此意义不大，仅供练习使用。如果要真正修改和添加 XML 文档中的记录数据，必须通过 DOM 技术或其他解决方法才能实现。

练一练：请写一个 HTML 文档，在 IE 浏览器中打开 HTML 文档后可以在网页中显示以下 XML 文档中的数据记录。要求：一次显示一条 XML 数据记录，并在网页中提供 4 个按钮，让浏览者可以随意浏览第一个、前一个、下一个和最后一个数据记录。

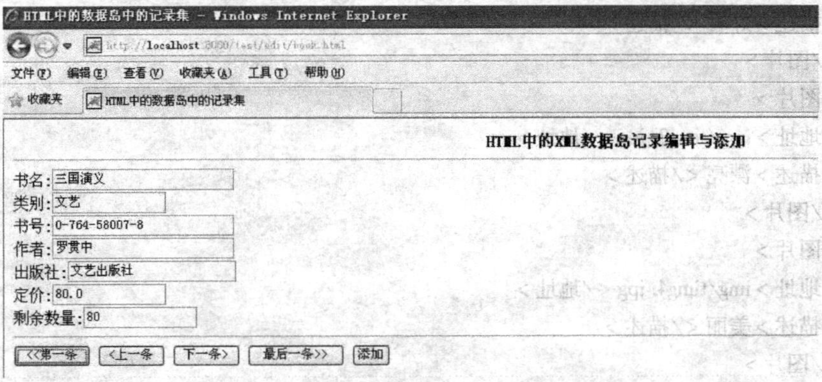

图 6-6　数据岛的数据编辑

```
<?xml version = "1.0" encoding = "GB2312"?>
<食品列表>
  <食品>
      <名称>香蕉牛奶 </名称>
      <价格>￥29.8</价格>
  </食品>
  <食品>
      <名称>伊利安慕希 </名称>
      <价格>￥56</价格>
  </食品>
  <食品>
      <名称>百草味坚果</名称>
      <价格>￥19.8</价格>
  </食品>
  <食品>
      <名称>熊孩子 榴莲</名称>
      <价格>￥11.8</价格>
  </食品>
</食品列表>
```

练一练：在页面中显示数据岛中的数据和图片，并通过按钮来翻页。

XML 文档如下：

```
<?xml version = "1.0" encoding = "GB2312"?>
<图片列表>
<图片>
<地址>img/timg.jpg</地址>
<描述>好可爱</描述>
</图片>
<图片>
<地址>img/timg2.jpg</地址>
```

```
<描述>好看</描述>
</图片>
<图片>
<地址>img/timg3.jpg</地址>
<描述>漂亮</描述>
</图片>
<图片>
<地址>img/timg4.jpg</地址>
<描述>美丽</描述>
</图片>
<图片>
<地址>img/timg5.jpg</地址>
<描述>迷人</描述>
</图片>
<图片>
<地址>img/timg6.jpg</地址>
<描述>很萌</描述>
</图片>
<图片>
<地址>img/timg7.jpg</地址>
<描述>乖乖</描述>
</图片>
</图片列表>
```

该文档中语句“<地址>img/timg.jpg</地址>”给出了图像的地址，可以通过数据岛来显示在网页中。

对应的 HTML 文档主要部分如下：

```
<h3 align="center">分页显示数据</h3>
<table id="products" datasrc="#dso" width="80%" align="center" cellpadding="0" cellspacing
="0" border="1">
<thead>
<th>图片</th>
<th>描述</th>
</thead>
<tr>
<td><img datafld="地址"/></td>
<td><div datafld="描述"/></td>
</tr>
</table>
```

在此表格中一列用来显示图片，一列用来显示文字，用语句“<td><img datafld="地址"/></td>”来实现。运行结果如图 6-7 所示。

图 6-7　数据岛中的图像显示

6.3　小结

与 HTML 文档绑定的 XML 数据源对象简称为 DSO，使用 DSO 技术可以将 XML 中的数据在 HTML 中展示。

要使用 DSO 技术来显示 XML 文档的数据，首先应该将 XML 文档绑定到 HTML 文档，然后将需要显示的 XML 文档元素与 HTML 文档中特定的元素绑定，这样，绑定的 XML 元素就会显示在相应的 HTML 元素中。

被绑定到 HTML 文档的 XML 文档也称为嵌入 HTML 文档的 XML 数据岛，嵌入 XML 数据岛有两种方法：外部数据岛和内部数据岛。

并不是所有的 HTML 元素都可以与 XML 元素绑定，通常用来和 XML 元素绑定的 HTML 元素有 SPAN、DIV、BUTTON、TABLE 等。

如果绑定到 HTML 文档的 XML 文档中的记录数量比较多，可以通过 HTML 文档的表格来显示 XML 记录。

使用 DSO 技术可以将 XML 元素的属性作为该元素的一个子元素来处理。

可以把 XML 数据源对象看作是一个符合 ADO 标准的 recordset 对象，通过 Script 编程可以灵活地调用该对象的方法和属性，从而实现对 XML 记录的访问和处理。

6.4　实训

1. 实训目的

通过本实训了解 XML 文档中的数据如何在网页中调用及显示。

2. 实训内容

1）创建“CD 收藏”XML 文档，XML 文档 cd_catalog. xml 代码如下：

```
<?xml version="1.0" encoding="ISO-8859-1" ?>
  <CATALOG>
    <CD>
      <TITLE>Empire Burlesque</TITLE>
      <ARTIST>BobDylan</ARTIST>
      <COUNTRY>USA</COUNTRY>
      <COMPANY>Columbia</COMPANY>
```

```
        <PRICE>10.90</PRICE>
        <YEAR>1985</YEAR>
    </CD>
    <CD>
        <TITLE>Hide your heart</TITLE>
        <ARTIST>Bonnie Tyler</ARTIST>
        <COUNTRY>UK</COUNTRY>
        <COMPANY>CBS Records</COMPANY>
        <PRICE>9.90</PRICE>
        <YEAR>1988</YEAR>
    </CD>
    <CD>
        <TITLE>Greatest Hits</TITLE>
        <ARTIST>Dolly Parton</ARTIST>
        <COUNTRY>USA</COUNTRY>
        <COMPANY>RCA</COMPANY>
        <PRICE>9.90</PRICE>
        <YEAR>1982</YEAR>
    </CD>
    <CD>
        <TITLE>Still got the blues</TITLE>
        <ARTIST>Gary Moore</ARTIST>
        <COUNTRY>UK</COUNTRY>
        <COMPANY>Virgin records</COMPANY>
        <PRICE>10.20</PRICE>
        <YEAR>1990</YEAR>
    </CD>
</CATALOG>
```

创建显示“CD 收藏”XML 文档记录的表格页面，在 IE 浏览器中打开 HTML 文档可以看到在页面中显示 CD 的 TITLE 和 ARTIST 属性的值。HTML 文档 cd_catalog.html 代码如下：

```
<html>
    <body>
        <xml id="cdcat" src="cd_catalog.xml"></xml>
        <table border="1" datasrc="#cdcat">
        <thead>
        <tr><th>艺术家</th><th>标题</th></tr>
        </thead>
        <tfoot>
        <tr><th colspan="2">这是我的 CD 收藏</th></tr>
        </tfoot>
        <tbody>
        <tr>
```

```
      <td> <span datafld = "ARTIST" > </span> </td>
      <td> <span datafld = "TITLE" > </span> </td>
      </tr>
      </tbody>
      </table>
    </body>
  </html>
```

2）创建“通信录”XML 文档，XML 文档 address list. xml 代码如下：

```
<?xml version = "1.0" encoding = "GB2312"?>
  <通信录>
    <通信人>
        <名称>张丽</名称>
        <关系>同事</关系>
        <联系方式>13612344321</联系方式>
    </通信人>
    <通信人>
        <名称>李唯</名称>
        <关系>家人</关系>
        <联系方式>13811223344</联系方式>
    </通信人>
  </通信录>
```

创建显示“通信录”XML 文档记录的表格页面，并在 IE 浏览器中打开 HTML 页面后单击“显示全部信息”按钮可以查看 XML 文档代码。HTML 文档 address list. html 代码如下：

```
<html>
<head>
    <title>DSO 应用</title>
</head>
  <xml id = "dos" src = "address list. xml" > </xml>
  <body>
    <script language = "javascript" >
     function view(){
     alert(dos. xml);
       }
</script>
    <center>
    <table datasrc = "#dos" border = "1"  width = "40%" >
        <thead>
            <tr>
                <th>名称</th>
                <th>联系方式</th>
            </tr>
```

```
            </thead>
            <tr>
                <td><span datafld="名称"></sapn></td>
                <td><span datafld="联系方式"></span></td>
            </tr>
        </table>
      <form>
      <input type=button value="显示全部信息" onclick="view()">
    </form>
      </center>
  </body>
```

6.5 习题

1. 选择题

1）XML 数据岛绑定于标签（　　）之间。

A. <data></data>　　B. <xml></xml>

C. <body></body>　　D. <datasrc></datasrc>

2）以下（　　）HTML 标记不能绑定 XML 元素。

A. a　　B. label

C. h2　　D. span

3）使用（　　）方法，可以获得记录集的下一条记录。

A. moveFirst　　B. moveLast

C. moveNext　　D. movePrevious

4）下面（　　）是不可以和数据岛绑定的标记。

A. img　　B. input

C. table　　D. td

2. 填空题

1）使用数据岛时，XML 标记的__________属性是必需的。

2）使用表格显示 XML 文档内容时，TABLE 标记的__________属性是必需的。

3）使用分页表格显示数据时，若想实现翻页功能，应指定 table 标记的__________属性。

3. 问答题

1）什么是数据岛？为什么要引用数据岛？如何声明一个数据岛？

2）如何实现 HTML 对象和数据岛的绑定并取出需要的数据？

第7章 XML文档对象模型DOM与Xpath查询

本章要点

- 了解应用程序对XML文档操作的基本原理和方法
- 掌握DOM中的结点类型
- 掌握DOM中的基本对象及使用
- 掌握Xpath语法
- 掌握Xpath运算符及查询的应用

7.1 DOM概述

DOM概述

DOM的全称为Document Object Model，翻译成中文为“文档对象模型”的意思。它由一组代表HTML文档或者XML文档中不同组成部分的程序对象组成，这些对象提供了各自的属性和方法，使得应用程序开发者能够通过编写脚本程序（如VBScript、JavaScript等）来操纵和显示文档中相应的组件。在对XML文档的处理方面，虽然DOM比DSO需要更多的额外工作，但却能获得更为强大的功能和更好的灵活性，不仅可用来编写访问本地XML文档的程序，还可用来编写访问服务器端XML文档的应用程序。

事实上，可以把DOM看作是一种ActiveX对象，它绑定封装了若干个对XML文档进行访问的API（Application Programming Interface，应用程序编程接口），应用程序开发者能够使用脚本语言调用DOM对象的属性与方法，达到访问、操作XML文档各部分内容的目的。可以利用DOM来加载XML文档，并对文档中的信息加以解析、截取和操作，甚至可以动态地创建新的XML文档。

DOM以树状的层次结点来储存XML文档中的所有数据，每一个结点都是一个相应的对象，其结构与XML文档的层次结构相吻合。因此可以用DOM结点树来访问任何形式的XML文档，并且可以用DOM提供的编程接口来显示和操纵XML文档中的任何组件，包括元素、属性、处理指令、注释及实体等。DOM树结构如图7-1所示。

DOM通常是作为一个特定的“层”添加到XML解析器和需要XML文档数据的应用程序之间的，其工作过程可以这样描述：XML解析器从XML文档中读取数据，检查文档的格式是否良好并在请求的情况下对文档进行有效性验证；然后再将数据传送给DOM层，DOM在内存中根据文档里定义的元素和属性来构建一棵分层的文档树；再后，更高层的应用程序就可以通过DOM API（即DOM的应用程序对象接口）来访问这个结构树中的各个结点，查找或修改文档的数据。整个工作过程如图7-2所示。

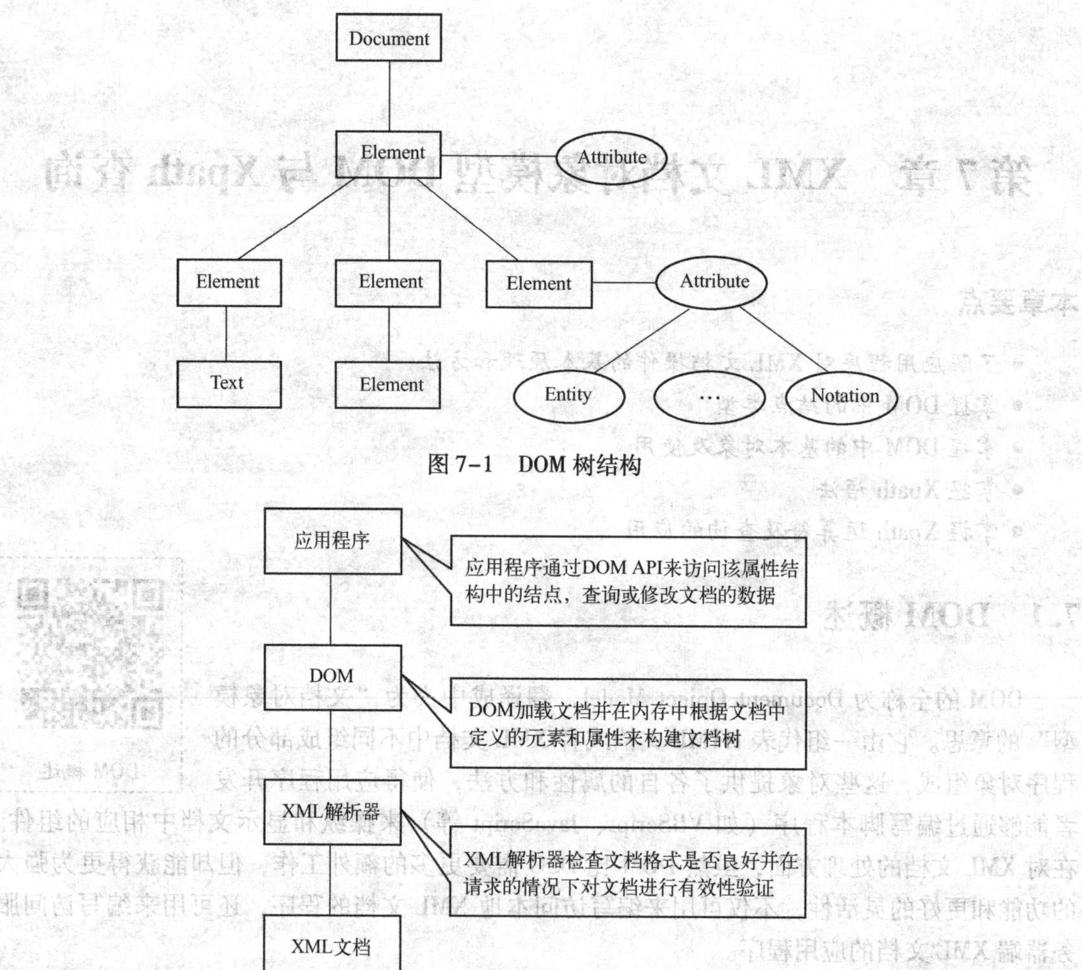

图 7-1　DOM 树结构

图 7-2　DOM 工作过程

由于 W3C 提供了统一的 DOM API，使得各种语言跨平台应用成为可能。换句话说，如果一个应用系统是基于 DOM 的，就可以不必关心它使用什么语言来实现，它对于各种语言的程序员展现的是统一的对象、属性、方法和事件。

需要说明的是，W3C 使用 DOM 这个名词或术语来代表一个较广泛的对象模型，该模型提供了对 HTML 文档及 XML 文档的访问机制。本书介绍的 DOM 是在 IE 浏览器中所提到的 XML DOM，是 Microsoft 专门为处理 XML 文档所制定的文档对象模型。

7.2　DOM 对象及使用

IE 浏览器支持的 XML DOM 为应用程序操纵和处理 XML 文档提供了各种 DOM 对象，这些对象提供了很多属性和方法，其用法同一般的 ActiveX 对象基本相同，通过它们可以方便地访问、显示、取得和管理所对应的 XML 文档组件信息。表 7-1 列出了各种 XML DOM 对象及其对应结点的简短说明。

表 7-1　各种 XML DOM 对象

对　象	说　明
XML DOM Document	表示 DOM 树的最顶层结点，即根结点
XML DOM Node	表示 DOM 树中除根结点之外的某一个结点
XML DOM Node List	表示某个父结点之下的一系列兄弟结点的集合
XML DOM Parse Error	返回错误信息，包括错误编号、出错位置等一些相应的描述信息
XML DOM Attribute	代表一个属性结点
XML DOM Document Type	代表文档类型描述的相关信息

7.2.1　DOM 结点类型

IE 浏览器内含的 MSXML（Microsoft XML）解析器是微软提供的一个 XML 解析器，它完全支持 DOM，并提供了一个易用的对象模型来与内存中生成的某个 XML 文档的 DOM 树进行交互。这样，用户就可以很方便地通过脚本程序来操作和处理这个 XML 文档。

现在几乎所有程序语言都支持 DOM，有一些开发平台内已经内置了封装 DOM 的对象类别，如 C#；还有一些则是直接使用 COM 的方式从系统内引入 DOM 组件，并包装成一个新的中介类别。IE 浏览器则是直接内置 MSXML 组件，因此可以直接取用。在 MSXML 组件中，DOM 只是属于其中一部分，所以 MSXML 与 DOM 并不是等同的。一般来说，只要使用的浏览器是 IE 6.0 以上的版本，就已经内置了 MSXML 4.0 版本的组件。

当 IE 浏览器内含的 XML 解析器处理被载入 XML 文档并根据文档的逻辑结构生成一棵对应的 DOM 树时，它会为 XML 文档中每一个基本组件建立一个树中的对应结点。这些基本组件包括元素、属性、注释、实体和处理指令等，DOM 会用不同类型的结点来代表不同类型的 XML 组件。例如，元素存储在 Element 结点中，而属性则存储在 Attribute 结点中。表 7-2 列出了 DOM 树结点的各种类型及简要说明。

表 7-2　DOM 树结点类型

结点类型	描　述
Document	表示整个文档
Document Type	代表 <!DOCTYPE> 的结点，保存从 DTD 或者 Schema 中得到的 XML 文档信息
Processing Instruction	表示 XML 文档中的一条处理指令
Entity Reference	表示 XML 文档中的一个实体引用的信息
Element	表示一个 XML 文档中的 Element 元素
Attr	表示 XML 文档中的一个属性
Text	表示元素或属性中的文本内容
CDATA Section	表示一个 XML 文档中的 CDATA 区段（文本不会被解析器解析）
Comment	表示 XML 文档中的注释
Entity	表示 XML 文档中一个实体信息
Notation	表示一个与 XML 文档相关联的在 DTD 中声明的符号

表 7-2 说明了不同 XML 文档组件所对应 DOM 基本结点类型，属于这些类型的每一个结点都是一个程序设计对象，提供了访问文档中对应组件的属性与方法。了解这里每个结点的类型是很重要的，因为不同类型的结点对应不同的对象，具有各自不同的属性和方法，从而决定了如何对其进行操作。

用户可以通过每个结点的 nodeName 属性来获得这个结点的名称。其中以字符“#”起始的结点名称代表那些未在文档中命名的 XML 组件结点的标准名称，如在 XML 文档中的注释并未命名，因此在 DOM 中默认使用“#comment”为该结点命名。其他结点的名称则是由 XML 文档中相应组件的名称衍生而来的，例如，代表“客户”元素的结点通常命名为“客户”结点。

另外，可以从每个结点的 nodeValue 属性取得这个结点的结点值。如果某个 XML 组件拥有一个相关的值，该值将会被存储于这个结点的结点值中。如果 XML 组件没有结点值（如空元素），那么 DOM 会将该结点的值设定为 null。

在 DOM 中，会建立一个 Document 结点来代表整个 XML 文档，并将其作为 DOM 结构树的根结点，所有其他的结点都是根结点的子结点。此外，文档的根结点是唯一的，并备有其他结点所不具有的特征。需要特别注意的是，XML 文档中的根元素只对应 DOM 结点层次结构中最上层的一个 Element 结点。

下面通过一个 XML 实例文档来说明 XML 文档中的元素与 DOM 树的结点之间的对应关系。

例 7-1 XML 文档与对应的 DOM 树示例。

XML 文档如下：

```
<?xml version="1.0" encoding="GB2312"?>
<员工信息>
    <员工>
        <工号>2017001</工号>
        <姓名 性别="男">张三丰</姓名>
        <部门>计算机系</部门>
    </员工>
    <员工>
        <工号>2017002</工号>
        <姓名 性别="男">李达康</姓名>
        <部门>组织部</部门>
    <员工>
  <员工信息>
```

以上 XML 文档可以转换为如图 7-3 所示的 DOM 树，图 7-3 展示了各个结点及其层次结构。

DOM 是将 XML 文档转换相应类型的结点树进行操作的。在操作 DOM 树时，所操作的结点类型及返回值如表 7-3 所示。

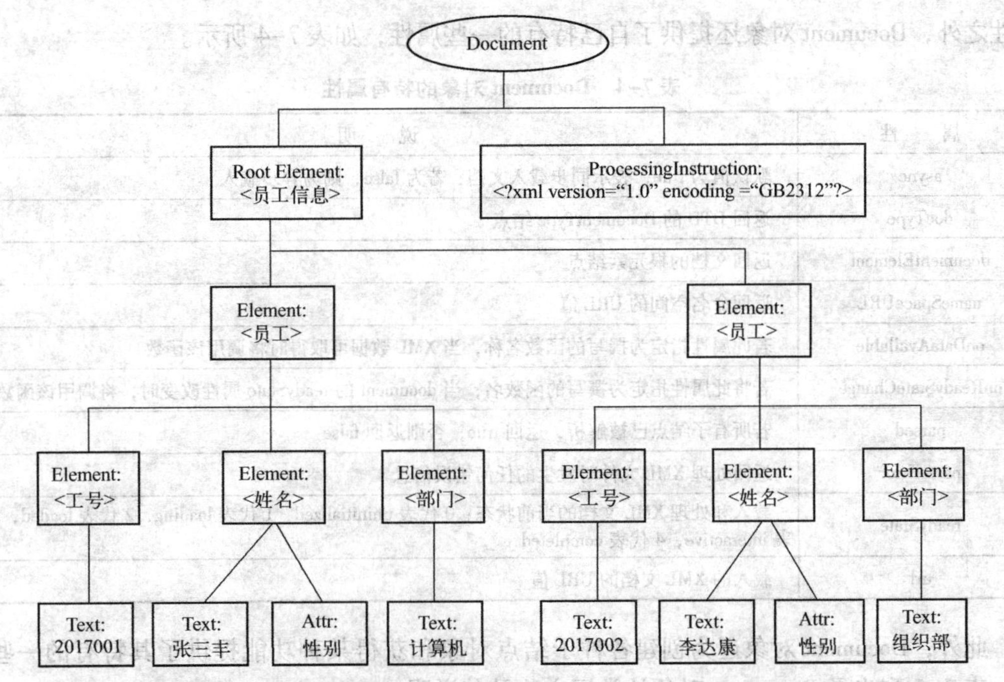

图 7-3　例 7-1 的 XML 文档对应的 DOM 树结构图

表 7-3　DOM 树结点类型及返回值对应表

结点类型	nodeName 返回值	nodeValue 返回值
Document	#document	null
Document Type	#doctype 名称	null
Processing Instruction	target	结点的内容
Entity Reference	实体引用名称	null
Element	元素的实际名称	null
Attr	属性的实际名称	属性值
Text	#text	元素结点内容
CDATA Section	#cdata - section	CDATA 的全部内容
Comment	#comment	注释文本
Entity	实体名称	null
Notation	符号名称	null

7.2.2　DOM 基本对象

1. Document 对象

Document 对象代表了整个 XML 文档，它是一棵文档树的根，提供了对整个文档中的数据进行访问和操作的方法。

由于其他结点都是 Document 结点的子结点，所以通过 Document 对象可以访问文档中的各种结点，包括处理指令、注释、文档类型声明及根元素结点等。除了所有对象具备的共同属性之外，Document 对象还提供了自己特有的一些属性，如表 7-4 所示。

表 7-4　Document 对象的特有属性

属　性	说　明
async	默认值为 true，表示同步载入文档；若为 false，则为异步载入
docType	返回 DTD 的 DocumentType 结点
documentElement	返回文档的根元素结点
nameSpaceURL	返回命名空间的 URL 值
onDataAvailable	若此属性指定为撰写的函数名称，当 XML 数据可取得时将调用该函数
onReadyStateChange	若将此属性指定为撰写的函数名，当 document 的 readyState 属性改变时，将调用该函数
parsed	若所有子结点已被解析，返回 true；否则返回 false
parseError	返回处理 XML 文件时发生的任何错误信息
readyState	载入和处理 XML 文档的当前状态：0 代表 uninitialized，1 代表 loading，2 代表 loaded，3 代表 interactive，4 代表 completed
url	载入的 XML 文档的 URL 值

此外，Document 对象还为创建各种子结点对象和获得某种功能提供了其特有的一些方法。表 7-5 列出了 Document 对象的常用方法及其说明。

表 7-5　Document 对象的常用方法

方　法	说　明
abort	终止 XML 文档的异步加载
appendChild(newChild)	为当前结点增加一个子结点
cloneNode(deep)	复制当前结点，若 deep 为 true，连同所有子结点一起复制；若 deep 为 false，仅复制当前结点本身
createAttribute(name)	创建一个属性
createCDATASection(data)	创建一个 CDATA 区段
createComment(data)	创建一个注释
createElement(name)	创建一个元素
createEntityReference(name)	创建一个实体参考
createNode(type,name,namespaceURL)	创建一个指定类型和名称的结点
createProcessionInstruction(target,data)	创建一个处理指令
createTextNode(text)	创建一个指定内容的文本结点
getElementsByTagName(name)	返回文档中拥有特定类型名称的所有元素列表，如果参数为"*"，将返回所有元素
hasChildNodes	若当前结点有子结点，返回 true，否则返回 false
insertBefore(newNode,refNode)	将一个 newNode 插入到 refNode 之前
load(URL)	载入并解析由 URL 指定的文档
loadXML(stringDoc)	载入并解析由 stringDoc 指定的 XML 文档
nodeFromID(id - value)	返回 ID 类型属性值为 id - value 的一个结点
removeChild(Child)	删除指定的子结点

（续）

方　法	说　明
replaceChild(newChild, oldChild)	用 newChild 子结点替代 oldChild 子结点
save(stringDoc)	将 DOM 树数据存入由 stringDoc 指定的 XML 文档
selectNodes(pattern)	取得符合指定类型的所有结点
selectSingleNodes(pattern)	取得符合指定类型的第一个结点
transformNode(stylesheetObj)	用含有指定的样式表对象实例来转换 XML 文档，将转换结果以字符串形式返回
transformNodeToObject(stylesheetObj, outObj)	用含有指定的样式表对象实例来转换 XML 文档，并将转换结果写入到 outObj 对象

2. Node 对象

在 XML DOM 树中，除了根结点之外，每一个结点都是一个 Node 对象。所有 Node 对象可以对应于 XML 文档中的任意一个元素、属性、处理指令或注释等。

Node 对象所具有的属性与任何对象共用的属性基本相同，详情可以参考表 7-3 的说明。利用 Node 对象具有的一些方法，可操纵当前结点及其子结点，这些方法包括复制当前结点、添加子结点、插入子结点、替换子结点、删除子结点和选择子结点等。表 7-6 列出了 Node 对象的常用方法及其说明。

表 7-6　Node 对象的常用方法

方　法	说　明
appendChild(newChild)	为当前结点增加一个子结点
cloneNode(deep)	复制当前结点，若 deep 为 true，连同所有子结点一起复制；若 deep 为 false，则仅复制当前结点本身
hasChildNodes	若当前结点有子结点返回 true，否则返回 false
insertBefore(newNode, refNode)	将一个 newNode 插入到 refNode 之前
removeChild(Child)	删除指定的子结点
replaceChild(newChild, oldChild)	用 newChild 替代 oldChild
selectNodes(pattern)	取得符合指定类型的所有结点
selectSingleNodes(pattern)	取得符合指定类型的第一个结点
transformNode(styleSheetOBJ)	利用指定的样式表来变换当前结点及其子结点

3. NodeList 对象

NodeList 对象是一系列相关结点的集合。如本章前面所述，引用某个结点的 childNodes 属性将返回一个包含该结点所有非属性子结点的集合，这个结点集合就是一个 NodeList 对象。这就是说，NodeList 对象可以由某个结点的 childNodes 属性获得。此外，调用某个结点对象的 getNodeByName 方法或者 selectNodes 方法，获得的指定名称的所有子结点的集合，也是一个 NodeList 对象。

要从 NodeList 集合对象中取得一个指定的子结点，可以调用 NodeList 对象的 item 方法，并给出想取得子结点的索引值（注意，子结点的索引值由零开始）。例如，下面的代码将会取得隶属于 Element 结点的第一个子结点：

```
FirstNode = Element. childNodes. item(0);
```

需要说明的是，因为 item 方法是 NodeList 对象的预设方法，因而直接给出子结点的索引值，也可以获得相同的结果。例如下面的代码：

```
FirstNode = Element. childNodes(0);
```

NodeList 对象只有一个名为 length 的属性，用来表示 NodeList 集合中子结点的个数。表 7-7 所列，则为 NodeList 对象的方法及简要说明。

表 7-7　NodeList 对象的常用方法

方　法	说　明
item	依给出的索引值，返回所要的结点，索引值 0 表示第一个结点
reset	内部指针指向结点集合中第一个结点位置之前，使得当下一个结点被调用时，指向第一个结点
nextNode	内部指针指向结点集合中的下一个结点

4. ParseError 对象

ParseError 对象用来报告载入和解析 XML 文档时产生的错误。ParseError 对象没有提供有关的方法，而提供了多个属性来分别表示出错的代号、出错文档的 URL、文档中出错的位置以及出错原因等信息，以便于程序员根据这些信息来追踪和纠正错误。表 7-8 列出了 ParseError 对象的各种属性及简短说明。

表 7-8　ParseError 对象常用属性

属　性	说　明
errorCode	用十进制数表示的出错代号，若此数为零，表示没有发生错误
filepos	出错文档的绝对位置
line	文档中出错的行
linepos	文档中出错行内的出错位置
reason	用文字描述的出错原因
sreText	文档中出错的源代码
url	出错文档的 URL

7.2.3　DOM 使用

在学习了 XML DOM 对象的架构及各种对象的基本概念之后，就可以利用 DOM 对象编写应用程序来实施对 XML 文档的访问和处理了。利用 DOM 对象不仅可以编写客户端 HTML 网页程序来实现对本地 XML 文档的访问，还可以用来编写服务器端的网络应用程序，实现对服务器端 XML 文档的动态交互访问。下面首先介绍利用 DOM 对象和脚本程序编程对客户端 XML 文档进行访问的多个实例。

1. 在客户端编程中建立 DOM

要在客户端利用 DOM 对象编程来访问本地 XML 文档，最简单的方法就是如第 6 章所述，将 XML 文档载入并绑定到某个 HTML 文档，在该 HTML 文档中建立一个数据源对象 DSO，并通过 JavaScript 来控制网页中的元素。例如，下面 HTML 代码中的 XML 元素，就是用来绑定指定的 Employee. xml 文档并生成的一个标识符为 dsoEmployee 的 DSO：

```
<BODY>
    <XML ID = "dsoEmployee"  SRC = "Employee. xml" >
    </XML>
    <!-- 网页主体中的其他元素 -->
</BODY>
```

在此之后通过由 ID 属性指定的标识符便可引用这个 DSO，而且还可以进一步使用 DSO 的对象成员 XMLDocument 来访问 DOM，就像下面的程序代码所示：

```
Document = dsoEmployee. XMLDocument;
```

事实上，在 HTML 网页中生成 data island 会导致 IE 浏览器同时加载 DSO（直接由 data island 的 ID 来代表）和 DOM（透过 DSO 的 XMLDocument 成员对象来访问）。因此，可以把 DSO 的 XMLDocument 成员看作是对应 XML 文档的 DOM 根结点，也称为文档结点（Document node），并使用这个文档结点访问所有其他的 DOM 结点。

在 HTML 网页中建立 XML DOM 对象最常见的方法是：首先创建一个 MSXML（由微软开发的 XML 解析器）所支持的 Document 对象实例，然后再调用其 load 方法载入指定的 XML 文档，建立起 DOM 结构树与 XML 文档之间的关联。

例如，下面使用 JavaScript 脚本语言编写的代码段，首先创建一个名为 xmldoc 的 DOMDocument 对象实例，这个 xmldoc 就相当于 DOM 树的 document 根结点；然后再调用其 load 方法，载入 Employee. xml 文档而生成对应于该文档的 DOM 树。

```
Var xmldoc = new ActiveXobject( "MSXML. DOMDocument" );
xmldoc. load( "Emploee. xml" );
```

上述代码也可写成如下形式：

```
Var xmldoc = new ActiveXobject( "Microsoft. XMLDOM" );
xmldoc. load( "Emploee. xml" );
```

2. 显示单记录 XML 文档数据

这里首先以一个简单的范例来说明通过 DOM 编程对 XML 文档的访问。范例中的 Customer_ single. xml 是一个仅包含单个客户信息的简单 XML 文档。其中“客户”根元素包含了 5 个子元素（公司名称、联系人、职位、地址、电话），每个子元素分别包含了描述某项客户信息的文字数据。

例 7-2　显示单记录的 XML 文档数据示例。

```
<?xml version = "1.0"  encoding = "GB2312"?>
  <客户信息>
    <客户>
        <公司名称>长安汽车</公司名称>
        <联系人>张三丰</联系人>
        <职位>运营总监</职位>
        <地址>江北区红石路 255 号</地址>
```

```
        <电话>12345678</电话>
      <客户>
    <客户信息>
```

将上述代码保存在名为7-2. xml文件中。下面的7-2. html文件，就是一个利用DOM对象编写简单脚本代码的HTML文档。代码如下：

```
<!-- File Name:7 - 2. html -->
<HTML>
<HEAD>
<meta http - equiv = "Content - Type"  content = "text/html; charset = gb2312" />
  <TITLE>客户信息</TITLE>
  <SCRIPT LANGUAGE = "JavaScript"  FOR = "window"  EVENT = "ONLOAD">
  Document = dsoCustomer. XMLDocument;
  公司名称. innerText = documentElement. childNodes(0). text;
  联系人. innerText = documentElement. childNodes(1). text;
  职位. innerText = documentElement. childNodes(2). text;
  地址. innerText = documentElement. childNodes(3). text;
  电话. innerText = documentElement. childNodes(4). text;
  </SCRIPT>
</HEAD>
<BODY>
  <XML ID = "dsoCustomer"  SRC = "7 - 1. xml"> </XML>
  <H3>客户信息</H3>
  <SPAN STYLE = "font - style:italic">公司名称: </SPAN>
  <SPAN ID = "公司名称"  STYLE = "font - weight:bold"> </SPAN> <BR>
  <SPAN STYLE = "font - style:italic">联系人: </SPAN>
  <SPAN ID = "联系人"> </SPAN> <BR>
  <SPAN STYLE = "font - style:italic">职位: </SPAN>
  <SPAN ID = "职位"> </SPAN> <BR>
  <SPAN STYLE = "font - style:italic">地址: </SPAN>
  <SPAN ID = "地址"> </SPAN> <BR>
  <SPAN STYLE = "font - style:italic">电话: </SPAN>
  <SPAN ID = "电话"> </SPAN>
</BODY>
</HTML>
```

3. 显示多记录XML文档数据

在以上范例的基础上，可以进一步利用客户端DOM编程来显示XML文档中任意多条记录的数据。例如下面的范例文档7-3. xml，就包含了多条客户记录数据。

例7-3 显示多记录的XML文档数据示例。

```
<?xml version = "1.0"  encoding = "GB2312"?>
<!-- File Name:7 - 3. xml -->
<客户列表>
```

```
<客户>
  <公司名称>中国航天</公司名称>
  <联系人>张先生</联系人>
  <职位>销售经理</职位>
  <地址>领江东街62号</地址>
  <电话>65785678</电话>
</客户>
<客户>
  <公司名称>江南国际</公司名称>
  <联系人>刘小姐</联系人>
  <职位>销售代表</职位>
  <地址>五洲大厦B座1006室</地址>
  <电话>57568151</电话>
</客户>
<客户>
  <公司名称>重庆商社</公司名称>
  <联系人>章鱼</联系人>
  <职位>销售代表</职位>
  <地址>五洲大厦B座2006室</地址>
  <电话>12345678</电话>
</客户>
<!--其他多条客户记录数据-->
</客户列表>
```

将上述代码保存在名为7-3.xml的文档中。在下面的HTML文档7-3.html中，利用DOM对象编写脚本程序来显示7-3.xml中所有的记录数据。

```
<!--File Name:7-3.html-->
<HTML>
<HEAD>
<meta http-equiv="Content-Type" content="text/html; charset=gb2312" />
<TITLE>客户信息</TITLE>
<SCRIPT LANGUAGE="JavaScript" FOR="Window" EVENT="ONLOAD">
var xmldoc=new ActiveXObject("MSXML.DOMDocument");
xmldoc.async="false";
xmldoc.load("7-3.xml");
HTMLCode="";
for(var i=0;i<xmldoc.documentElement.childNodes.length;i++)
{
HTMLCode +=
"<SPAN STYLE=font-style:italic'>公司名称:</SPAN>"
+xmldoc.documentElement.childNodes(i).childNodes(0).text+"<BR>"
"<SPAN STYLE=font-style:italic'>联系人:</SPAN>"
+xmldoc.documentElement.childNodes(i).childNodes(1).text+"<BR>"
```

```
" <SPAN STYLE = font - style:italic'>职位: </SPAN > "
+ xmldoc. documentElement. childNodes(i). childNodes(2). text + " <BR > "
" <SPAN STYLE = font - style:italic'>地址: </SPAN > "
+ xmldoc. documentElement. childNodes(i). childNodes(3). text + " <BR > "
" <SPAN STYLE = font - style:italic'>电话: </SPAN > "
+ xmldoc. documentElement. childNodes(i). childNodes(4). text + " <BR > ";
}
DisplayDIV. innerHTML = HTMLCode;
</SCRIPT >
</HEAD >
</BODY >
< H3 >客户信息 </H3 >
< DIV ID = "DisplayDIV" > </DIV >
</BODY >
</HTML >
```

上述 HTML 文档的脚本程序设计中，利用了一种与 XML 文档中所包含元素数量无关的方法，因而可以显示所有的记录数据。

4. 查询指定的 XML 元素数据

除了可以利用 childNodes、firstChild、lastChild、previousSibling、nextSibling 和 parentNode 等结点属性，通过在 DOM 结点树中遍历来访问各个 XML 元素结点之外，还可以使用 Document 对象的 getElementsByTagName 方法或者 selectNodes 方法，来获取拥有特定名称的所有元素结点。这两个方法也可以在 Element 结点对象中使用。

如果在 Document 结点对象中调用这个方法，将会返回文档中所有拥有给定元素名称的 Element 结点集合。例如，下面的脚本程序代码将会取得文档中所有元素名为“客户”的 Element 结点集合：

```
NodeList = Document. getElementsByTagName("客户");
```

也可以利用 Document 对象的 selectNodes 方法实现上述代码的功能：

```
NodeList = Document. selectNodes("//客户");
```

此外，如果将“ * ”作为 getElementsByTagName 方法的参数，则如果调用的是 Document 结点的方法，将会返回文档中所有元素结点的集合；如果调用的是 Element 结点的方法，将会返回该结点所有后继元素结点的集合。表 7-9 列出了 Element 结点的常用方法。

表 7-9 Element 结点常用方法

方 法	说 明
getAttribute(attr - name)	返回该元素中拥有给定属性名称的属性值
getAttributeNode(attr - name)	返回该元素中拥有给定属性名称的 Attribute 结点
setAttributeNode(attr - name)	把给定属性名称的 Attribute 结点添加到 DOM 树中

（续）

方　法	说　明
getElementsByTagName(type - name)	返回该元素中拥有给定名称的后继元素构成的 NodelList 对象。如果传入参数“*”，将返回该元素所有的后继元素结点
selectNodes(pattern)	返回拥有给定类型的所有元素构成的 NodeList 对象

Element 结点的 getElementsByTagName 方法或者 selectNodes 方法将返回一个 NodeList 集合对象，因此可以使用 NodeList 对象所提供的各种属性和方法来访问 XML 文档中的数据。

下面的 HTML 文档，就是一个利用 Document 对象的 getElementsByTagName 方法，在前述的范例 XML 文档 7-3. xml 中查询所有符合指定名称元素的例子。

例 7-4　查询指定的 XML 元素数据示例。

该例中 XML 文件代码同 7-3. xml，html 文档命名为 7-4. html，其源代码如下：

```
<!-- File Name:7 -4. html -->
<HTML>
<HEAD>
<meta http - equiv = "Content - Type"  content = "text/html; charset = gb2312" />
<TITLE>据元素名查询</TITLE>
<script LANGUAGE = "JavaScript" >
function ShowElements( )
{
/*确保用户已将要查询元素的名称输入文本框:*/
if( ElementName. value == "" )
{
alert( "你必须在文本框中输入要查询的元素名!");
return;
}
/*获得文档中所有匹配元素的结点集合:*/
Document = dsoCustomer. XMLDocument;
NodeList = Document. getElementsByTagName( ElementName. value);
/*将所有匹配元素结点的 XML 标记和内容存入变量 ResultHTML:*/
ResultHTML = "";
for( var i = 0;i < NodeList. length;i ++ )
ResultHTML  += NodeList( i). xml + " \n \n";
/*将存储的查询结果赋给 DIV 标记的 innerText 属性:*/
if( ResultHTML == "" )
alert( "未能找到相匹配的元素!" );
else
ResultDIV. innerText = ResulthHTML;
}
</script>
</HEAD>
<BODY>
```

```
<XML ID = "dsoCustomer" SRC = "7 - 3. xml" > </XML >
<H3 >依据元素名称查询元素内容 </H3 >
请输入元素名称: <INPUT TYPE = "TEXT" ID = "ElementName" >  
<BUTTON ONCLICK = "ShowElements( )" >查询 </BUTTON >
<HR >
<DIV ID = ResultDIV > </DIV >
</BODY >
</HTML >
```

将上述网页在 IE 浏览器中打开，在文本框中输入要查询的元素名称“联系人”后再单击“查询”按钮，即可显示出查询结果。

5. 访问 XML 文档的属性值

利用 DOM 编程方式还可以访问 XML 文档中的属性。需要注意的是，包含在 XML 元素中的属性，在 DOM 中是以该元素结点的 Attribute 类型子结点来表示的，不能使用 childNodes、firstChild 与 lastChild 等手段来访问这种 Attribute 类型的子结点。确切地说，在用 DOM 方式编程时，对于那些含有属性的 XML 元素，只能使用该元素结点的 attributes 属性来访问其 attribute 子结点。

例 7-5 访问 XML 文档属性值示例。

创建 XML 文档，并命名为 7 -5. xml：

```
<?xml version = "1. 0" encoding = "GB2312" ? >
<!-- File Name: 7 -5. xml -->
<客户列表 >
<客户 >
    <公司名称 >长安公司 </公司名称 >
    <联系人 职位 = "销售经理" 手机 = "12345678912" >王二小 </联系人 >
    <地址 >红石路 100 号 </地址 >
    <电话 >12345678 </电话 >
  </客户 >
<客户 >
    <公司名称 >重庆百货 </公司名称 >
    <联系人 职位 = "销售经理" 手机 = "12345678912" >李小姐 </联系人 >
    <地址 >红石路 400 号 </地址 >
    <电话 >12345888 </电话 >
  </客户 >
<客户 >
    <公司名称 >新新 park </公司名称 >
    <联系人 职位 = "销售经理" 手机 = "12345678912" >张小美 </联系人 >
    <地址 >红石路 300 号 </地址 >
    <电话 >12346678 </电话 >
  </客户 >
<!-- 其他客户信息 -->
<客户列表 >
```

对于上述 XML 文档形成的 DOM 树，下列的脚本代码将会取得第一个“客户”元素结点中的“联系人”子结点：

```
Document. documentElement. childNodes(0). childNodes(1);
```

这是因为根元素结点 documentElement 对应于文档中的“客户列表”元素，所以其下的子元素结点 childNodes(0)就对应于第 1 个“客户”元素结点。而这个“客户”结点的子元素结点 childNodes(1)就将对于第 2 个子元素结点，即“联系人”结点。

对于上述 XML 文档形成的 DOM 树，下列的脚本代码则将取得这个“联系人”元素结点所有 Attribute 类型的子结点：

```
NamedNodeMap = Document. documentElement. childNodes(0). childNodes(1). attributes
```

这是因为这个“联系人”结点含有多个属性子结点，所有引用该结点的 attributes 属性将得到一个 NamedNodeMap 集合（参见表 7-3 关于所有结点对象共有属性的说明）。

由此可见，某个结点的 attributes 属性将返回一个 NamedNodeMap 集合对象，表 7-10 列出了 DOM 的 NamedNodeMap 对象所具有的属性和一些常用的方法。

表 7-10　NamedNodeMap 对象的属性和方法

属性与方法	说　明
length 属性	集合中所包含的属性结点个数
getNamedItem(att - name)方法	返回指定属性名称的 Attribute 结点
item(index)方法	返回集合中第 index 个结点，0 代表第一个结点，此为默认方法
reset()方法	重置内部指针，即将内部指针指向集合中第一个结点位置
nextNode()方法	返回集合中下一个属性结点

可以使用 NamedNodeMap 对象的 length 属性以及默认的 item 方法，在 NamedNodeMap 对象集合中切换当前结点并获取指定的 Attribute 结点。同时可以通过 nodeName 属性获得该结点的名称，通过 nodeValue 属性获得该属性结点的内容。

例如，下面的 HTML 文档将显示范例文档 7-5. xml 中每个“客户”元素含有的所有子元素的数据，同时显示出每个“联系人”子元素含有的两个属性（包括属性名称和属性值）。这个 HTML 网页命名为 7-5. html，其源代码如下：

```
<!-- File Name:7 - 5. html -->
<HTML>
<HEAD>
<meta http - equiv = "Content - Type" content = "text/html; charset = gb2312" />
<TITLE>客户信息</TITLE>
<SCRIPT LANGUAGE = "JavaScript" FOR = "Window" EVENT = "ONLOAD">
var xmldoc = new ActiveXObject("MSXML. DOMDocument");
xmldoc. load("7 - 5. xml");
HTMLCode = "";
for(var i = 0;i < xmldoc. documentElement. childNodes. length;i ++)
{
```

```
NamedNodeMap = xmldoc. documentElement. childNodes(i). childNodes(1). attributes;
HTMLCode + = " < SPAN STYLE = ′font - style: italic ′ > 公司名称: </SPAN > " +
xmldoc. documentElement. childNodes(i). childNodes(0). text + " < BR > " + " < SPAN STYLE = ′font
- style: italic′> 联系人: </SPAN > "
 + xmldoc. documentElement. childNodes(i). childNodes(1). text + " ("
 + NamedNodeMap(0). nodeName + " : "
 + NamedNodeMap(0). nodeValue + "、"
 + NamedNodeMap(1). nodeName + " : "
 + NamedNodeMap(1). nodeValue + " ) " + " < BR > "
 + " < SPAN STYLE = font - style: italic′> 地址: </SPAN > "
 + xmldoc. documentElement. childNodes(i). childNodes(2). text + " < BR > "
 + " < SPAN STYLE = font - style: italic′> 电话: </SPAN > "
 + xmldoc. documentElement. childNodes(i). childNodes(3). text + " < HR > ";
}
DisplayDIV. innerHTML = HTMLCode;
</SCRIPT >
</HEAD >
</BODY >
< H3 > 客户信息 </H3 >
< DIV ID = "DisplayDIV" > </DIV >
</BODY >
</HTML >
```

上述代码中，NamedNodeMap(0)代码所取得的属性集合中的第一个属性，即“职位”属性；NamedNodeMap(1)代表属性集合中的第二个属性，即“手机”属性。

由于每个 Attribute 类型的结点拥有一个包含具体属性值的 Text 子结点，因此在上面的代码中也可以用 NamedNodeMap(0). text 代替 NamedNodeMap(0). nodeValue，用 NamedNodeMap(1). text 代替 NamedNodeMap(1). nodeValue。

6. 用 DOM 验证 XML 文档的有效性

到目前为止，本章所介绍的 HTML 文档实例，都假设绑定或者绑入内存的 XML 文档是正确的、不含错误的。然而如果这个假设不成立，就将无法得到任何表示 XML 文档数据的 DOM 结点，相应的 XML 数据也就无法显示在网页上。也就是说，编制专门的程序对指定的 XML 文档进行有效性测试是完全必要的。如果文档中含有错误时，测试程序将会显示出具体的错误信息。

下面是一个可用于验证 XML 文档有效性的脚本范例。该网页会载入一个指定的 XML 文档，并使用 DOMParseError 对象所提供的属性来检测和报告载入 XML 文档时所发生的错误。

例 7-6 测试 XML 文档有效性示例。

创建 XML 文档，并命名为 7 - 6. xml：

```
< !-- File Name:7 - 6. html -->
< HTML >
```

```
<HEAD>
<meta http-equiv="Content-Type" content="text/html; charset=gb2312" />
<TITLE>有效性测试</TITLE>
<SCRIPT LANGUAGE="JavaScript" FOR="Window" EVENT="ONLOAD">
var xmldoc = new ActiveXObject("MSXML.DOMDocument");
xmldoc.async = "false";
xmldoc.load("7-6.xml");
if(xmldoc.ParseError.errorCode!=0)
{
str1 = "载入的文档有错误！错误信息如下:" + "\n";
str2 = "错误代号:" + xmldoc.ParseError.errorCode + "\n";
str3 = "文档出错位置:" + xmldoc.ParseError.filepos + "\n";
str4 = "错误所在行:" + xmldoc.ParseError.line + "\n";
str5 = "错误所在列:" + xmldoc.ParseError.linepos + "\n";
str6 = "错误原因:" + xmldoc.ParseError.reason + "\n";
str7 = "错误文本:" + xmldoc.ParseError.srcText + "\n";
str8 = "文档路径:" + xmldoc.ParseError.url + "\n";
message = str1 + str2 + str3 + str4 + str5 + str6 + str7 + str8;
alert(message);
}
else
alert("载入的 XML 文档是有效的!");
</SCRIPT>
</HEAD>
<BODY>
</BODY>
</HTML>
```

将上述代码保存在名称为 7-6.html 的文件中，参与其测试的 7-6.xml 文件代码如下：

```
<?xml version="1.0" encoding="GB2312"?>
  <员工信息>
      <员工>
          <工号>2017001<工号>
          <姓名 性别="男">张三丰</姓名>
          <部门>计算机系</部门>
      </员工>
      <员工>
          <工号>2017002</工号>
          <姓名 性别="男">李达康</姓名>
          <部门>组织部</部门>
      <员工>
  <员工信息>
```

上述网页中，已设定要对 XML 文档 7-6. xml 进行有效性测试，假设该文档是有效的、不存在格式错误，运行上述检测程序网页后，将弹出“载入的 XML 文档时有效的!”的消息框。如果被检测的 XML 文档确实存在错误，就会弹出类似的消息框，同时在其中详细地列出有关各项错误的说明信息。

7.3 Xpath 语言及使用

7.3.1 Xpath 简述

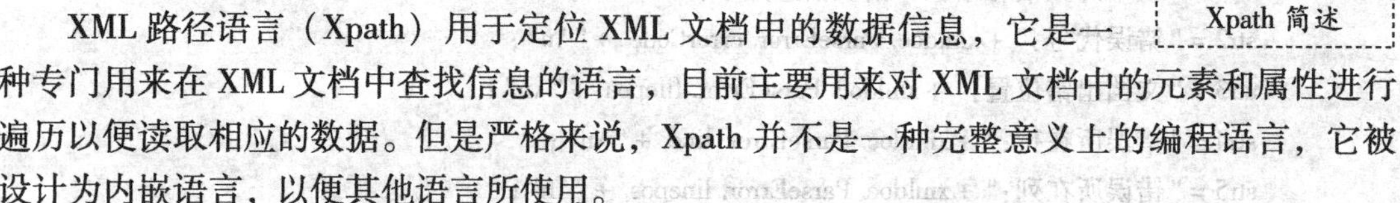

Xpath 简述

XML 路径语言（Xpath）用于定位 XML 文档中的数据信息，它是一种专门用来在 XML 文档中查找信息的语言，目前主要用来对 XML 文档中的元素和属性进行遍历以便读取相应的数据。但是严格来说，Xpath 并不是一种完整意义上的编程语言，它被设计为内嵌语言，以便其他语言所使用。

Xpath 与 DOM 关系紧密，应用最广泛的 Xpath 即可实现返回 DOM 结点列表的操作。

值得注意的是：

- Xpath 是一个 W3C 标准。
- Xpath 是 XSLT 中的主要元素。
- Xpath 使用路径表达式来选取 XML 中的结点。

7.3.2 Xpath 结点

1. 结点的概念

在 Xpath 中有 7 种类型的结点：元素、属性、文本、命名空间、处理指令、注释及文档结点。XML 文档被作为结点数来对待，树根称为文档结点或者根结点。

在 Xpath 的文档结点树中，包含的结点按照一定的顺序进行排列，这就是文档顺序。在读取结点时，所排列的顺序从上到下，从左到右。

例 7-7 XML 文档的结点树示例。

创建 XML 文档，并命名为 7 - 7. xml：

```
< ?xml version = "1.0" encoding = "GB2312" ? >
< 图书 >
< 书名 > 万历十五年 < 书名 >
< 作者 > 黄仁宇 < 作者 >
< 出版社 > 商务印书馆 < 出版社 >
</图书 >
```

在该文档中，存在以下结点。

- < 图书 >：文档结点。
- < 书名 >、< 作者 >、< 出版社 >：元素结点。
- 万历十五年：基本值结点。其中基本值是指无父或无字的结点。

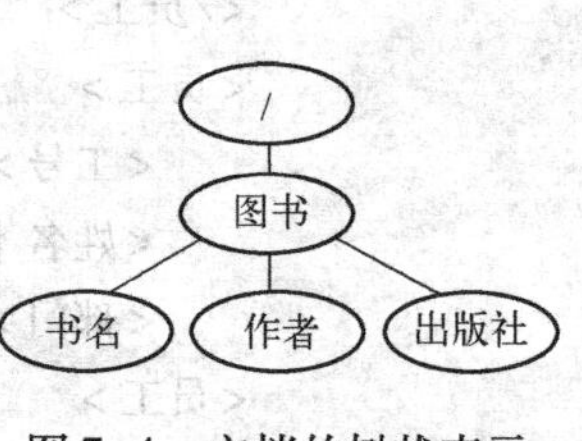

图 7-4 文档的树状表示

该文档中，文档树如图 7-4 所示。

想一想：指出下列 XML 文档中的所有结点。

```
<?xml version="1.0" encoding="gb2312"?>
<销售商品>
<商品名称>智能手机</商品名称>
<商品型号>诺基亚 N97</商品型号>
<产地>中国</产地>
</销售商品>
```

在 Xpath 中，结点之间存在以下关系：

(1). 父

每个元素都有一个“父”，在例 7-7 中，元素“图书”是元素“书名”“作者”“出版社”的父。

(2). 子

元素结点可以有零个、一个或者多个子。在例 7-7 中，元素“书名”“作者”“出版社”是元素“图书”的子。元素“书名”“作者”“出版社”有零个子。

(3). 同胞

拥有相同父结点的结点称为同胞。在例 7-7 中，元素“书名”“作者”“出版社”互为同胞。

(4). 先辈

某一结点的父元素，或是父元素的父元素称为该元素的先辈。在例 7-7 中，元素“书名”的先辈是“图书”。XML 文档如下：

```
<?xml version="1.0" encoding="GB2312"?>
<图书>
<书名>万历十五年<书名>
<作者>
<姓名>黄仁宇</姓名>
<性别>男</性别>
</作者>
<出版社>商务印书馆<出版社>
</图书>
```

在该文档中元素“姓名”的先辈为“作者”和“图书”。

(5). 后代

某个元素的子元素及子元素的子元素，都称为该元素的后代。在例 7-7 中，元素“图书”的后代是“书名”“作者”和“出版社”。

练一练：请指出在该文档中元素之间的关系。

```
<?xml version="1.0" encoding="utf-8" ?>
<students>
  <student>
    <name>张三</name>
    <age>20</age>
```

```
    </student>
  <student>
      <name>郑和</name>
      <age>22</age>
    </student>
  </students>
```

2. XPath 路径表达式

Xpath 使用路径表达式在 XML 文档中选取结点。表 7-11 列举了常见的路径表达式。

表 7-11　路径表达式

表 达 式	描　　述
nodename	选取次结点的所有子结点
/	从根结点选取
//	从匹配选择的当前结点选择文档中的结点，而不考虑它们的位置
.	选取当前结点
..	选取当前结点的父结点
@	选取属性

路径表达式的运用如表 7-12 所示。

表 7-12　路径表达式的运用

表 达 式	描　　述
students	选取 students 元素的所有子元素
/ students	选取根元素 students
students/ student	选取所有属于根元素 students 的 student 元素
// student	选取所有 student 子元素
students//student	选取所有属于 students 元素的 student 子元素
//@ id	选取名为 id 的属性

该表达式使用了如下的 XML 文档：

```
<?xml version = "1.0" >
< students >
<student id = "00111′>
<name>wang fei</name>
<sex>female</sex>
<age>21</age>
</student>
<student id = "00112′>
<name>wang lin</name>
<sex>male</sex>
<age>20</age>
```

```
</student>
</ students >
```

3. 谓语

在 Xpath 中谓语主要用来查找某个特定的结点或者包含某个指定值的结点，谓语被嵌在方括号中。可以对任意结点使用谓语，并输出结果。表 7-13 给出了常见的谓语表达式及输出结果。

表 7-13　常见谓语表达式

表 达 式	输 出 结 果
/ students/student[1]	选取属于 students 元素的第 1 个 student 元素
/ students/student[last()]	选取属于 students 元素的最后 1 个 student 元素
/ students/student[last() -1]	选取属于 students 元素的倒数第 2 个 student 元素
/ students/student[position() <2]	选取最前面的 1 个属于 students 元素的 student 元素
// student[@id]	选取所有拥有名为 id 的属性的 student 元素
// student[@id ='00111']	选取所有 student 元素，且这些元素拥有值为 00111 的 id 属性

谓语表达式的运用如表 7-14 所示。

表 7-14　谓语表达式的运用

表 达 式	输 出 结 果
/ book/chap[4]	选取属于 book 元素中的第 4 个 chap 元素
/class/student[age]	选取属于 class 元素的含有 age 元素的所有 student 元素
/class/student[age =21]	选取属于 class 元素的 student 元素中的 age 元素值为 21 的所有 student 元素
/class/student[@ *]	选取属于 class 元素的包含有属性的所有 student 元素
// *[@id =@name]	选取拥有 id 和 name 属性并且值相等的元素

想一想：下列路径表达式的输出结果是什么？

- /book/ *
- // *
- /body//div[1]

4. 选取若干路径

在 Xpth 中使用“|”运算符，可以选取若干个路径。表 7-15 列出了常见的选择路径语法及输出结果。

表 7-15　选取若干路径表达式的运用

表 达 式	输 出 结 果
//book/title | //book/author	选取文档中 book 元素的所有 title 元素和 author 元素
//title | // author	选取文档中的所有 title 和 author 元素
//name | //age | //sex	选取文档中所有的 name 元素、age 元素和 sex 元素
//name | /class/student/age	选取文档中所有的 name 元素和 class 元素中的 student 元素中的所有 age 元素

想一想：下列路径表达式的输出结果是什么？

- //name | // sex
- //name | //sex | //address | //tel

7.3.3 Xpath 定位路径

Xpath 路径定位表达式用于产生一个结点集，从而定位文档内容的某一部分。定位路径是由一个或多个定位步骤组成，每个步骤用一个斜线分隔。定位路径可以是相对路径，也可以是绝对路径。绝对定位路径以一个斜线“/”开头，而相对定位路径则没有。以表达式“/book/anthor”为例，首先定位到文档根结点的 book 子结点，再定位到所有名字为 author 并属于 book 元素的结点。

一个定位路径由若干个定位步骤组成，主要包含以下 3 个内容。

- 轴：指定了定位步骤选择的结点与上下文结点之间的关系。
- 结点测试：指定定位步骤选择的结点的结点类型以及结点扩展名。
- 零个或零个以上的判定语句：判定语句是一个表达式，该表达式可以进一步细化定位步骤选择的结点集合。

因此，在 Xpath 中轴只是一个方向，定位步骤决定了在该方向上怎样移动。

步的语法格式如下：

```
轴名称::结点测试[判定语句]
```

例如，child::age[age=21]，其中 child 代表轴名称，age 代表结点测试，[age=21]代表判定语句。

值得注意是：每个定位步骤中必须有一个轴。

1. Xpath 轴

在 Xpath 中，轴用于定义相对于当前结点的结点集，可以理解为一个导航定位的方向。表 7-16 列出了常见的轴名称及输出结果。

表 7-16　Xpath 轴名称及输出结果

轴　名　称	输出结果
ancestor	选取当前结点的所有先辈（父、祖父等）
ancestor - or - self	选取当前结点的所有先辈（父、祖父等）以及当前结点本身
attribute	选取当前结点的所有属性
child	选取当前结点的所有子元素
descendant	选取当前结点的所有后代元素（子、孙等）
descendant - or - self	选取当前结点的所有后代元素（子、孙等）以及当前结点本身
following	选取文档中当前结点的结束标签之后的所有结点
parent	选取当前结点的父结点
preceding	选取文档中当前结点的开始标签之前的所有结点
preceding - sibling	选取当前结点之前的所有同级结点
self	选取当前结点

相关说明如下。

- parent：parent 轴包含上下文结点的父结点，对于任意给定的结点，只可能有一个父结点。
- ancestor：ancestor 轴包含所有在上下文结点以上或更多层的结点。
- descendant：descendant 轴包含所有在当前上下文结点以下的一层或更多层的结点。
- following：following 轴包含在文档顺序中上下文结点后面的结点。
- preceding：preceding 轴包含上下文结点在文档顺序之前的所有结点。
- attribute：attribute 轴包含上下文结点的所有属性结点。
- self：self 轴返回上下文结点本身。
- child：child 轴表示上下文结点的子结点。

2. 结点测试

Xpath 在路径中使用结点测试进行匹配，表 7-17 列出了在 Xpath 中可用的结点测试。

表 7-17　结点测试

结　点	匹配结点类型
node()	匹配任意结点
text()	文本结点
name	给定名称的元素
@ attr	给定名称等属性
*	任意元素
element()	给定模式类型的元素
attribute()	给定模式类型的属性
comment()	注释结点

根据表 7-17 中列出的结点测试类型，可以在路径中使用任何一个结点测试。如使用语句/head/text()会匹配到 head 元素中的文本结点。

text()中的括号表明它试图查找的是一个文本结点而不是一个名为 text 的元素。

3. Xpath 轴实例

表 7-18 列出了 Xpath 轴的实例。

表 7-18　Xpath 轴实例

轴 名 称	描　述
child::book	选取所有属于当前结点的子元素的 book 结点
attribute::lang	选取当前结点的 lang 属性
child::*	选取当前结点的所有子元素
attribute::*	选取当前结点的所有属性
child::text()	选取当前结点的所有文本子结点
child::node()	选取当前结点的所有子结点
descendant::book	选取当前结点的所有 book 后代
ancestor::book	选择当前结点的所有 book 先辈

当使用名称或星号通配符选择结点的时候，只考虑轴中类型为主结点类型的结点。例如，child::book 选择的是 book 子元素结点，attribute::book 选择的是名称为 book 的属性结

点，child::*只选择子元素结点。

4. 步的实例

表7-19列出了步的实例。

表7-19 Xpath步的实例

轴 名 称	描 述
child::book[position()=2]	返回第2个book元素
descendant::book[attribute::price<50]	选取book的子孙元素且book元素拥有大于50的属性
/book/chap[position()=3]	返回在book元素下的第3个chap子元素
/book[@id]	返回在book元素中拥有属性为id的子元素

为了方便书写，XPath可使用下列的简写方式。

- child::product简写为product。
- child::product/attribute::name简写为product/@name。

7.3.4 Xpath表达式

与大多数计算机语言一样，Xpath也包含表达式，表7-20列出了Xpath表达式中的运算符，主要包括布尔、等式、关系和数值表达式。

表7-20 Xpath运算符

运 算 符	描 述	实 例	返 回 值
|	计算两个结点集	//book | //table	返回所有拥有book和table元素的结点集
+	加法	5+4	9
-	减法	5-4	1
*	乘法	5 * 4	20
div	除法	8 div 2	4
=	等于	age=20	如果age是20，则返回true； 如果age是21，则返回false
!=	不等于	age!=20	如果age是21，则返回true； 如果age是20，则返回false
<	小于	age<20	如果age是19，则返回true； 如果age是21，则返回false
<=	小于或等于	age<=20	如果age是20，则返回true； 如果age是22，则返回false
>	大于	age>20	如果age是21，则返回true； 如果age是18，则返回false
>=	大于或等于	age>=20	如果age是20，则返回true； 如果age是18，则返回false
or	或	age=21 or age=22	如果age是21，则返回true； 如果age是19，则返回false
and	与	age>20 and age<23	如果age是21，则返回true； 如果age是14，则返回false
mod	计算除法的余数	5 mod 2	1

在 Xpath 中不能使用“/”作为除号，因为它已经用于表示路径。

练一练：写出下列表达式的结果。

- 3 +2 * 2
- 7 mod 2

此外，在 Xpath 2.0 以上的版本中，还包含表 7-21 所描述的表达式。

表 7-21　Xpath 2.0 以上运算符

运 算 符	描　述
to	1 to 10 表示一个整数序列，其范围为 1、2、3、4、5、6、7、8、9、10
(e1,e2,e3)	一个值序列，如（1,2,3）表示一个整数序列
eq	等于
is	指代结点的变量，判断两个变量是否指代用一个结点
for	创建序列。如 for $ i in 1to 3 return si * si，该表达式生成序列（1,4,9）
if/else	逻辑判断
e(list)	将 e 作为带有给定参数的函数来调用

练一练：写出下列表达式的结果。

- 3 to 20
- for $ i in 1 to 5 return si * si

7.3.5　Xpath 数据类型

Xpath 表达式可以处理 4 种不同类型的数据类型，分别是字符串类型、数值类型、布尔类型和结点集类型。

1）字符串类型。字符串类型是一系列字符的集合，常见的是一个字母序列，如“一本书”。

2）数值类型。数值类型指符合数字形式的字符串，如“123456”。

3）布尔类型。布尔类型返回的数据取值只能在 true（真）和 false（假）中选择。

4）结点集类型。结点集类型包含了结点属性、结点类型、结点上下文等内容。它可以包含来自任意 7 种不同类型的结点。

7.3.6　Xpath 查询示例

Xpath 示例

例 7-8　Xpath 查询示例。

创建 XML 文档，并命名为 book. xml：

```
<?xml version="1.0" encoding="gb2312"?>
<!-- book. xml -->
<?xml-stylesheet href="7-10. xsl" type="text/xsl"?>
<books >
<book id="1">
    <name >西游记</name>
    <publisher>人民文学出版社</publisher>
</book>
<book id="2">
```

```
        <name>三国演义</name>
        <publisher>人民文学出版社</publisher>
    </book>
    <book id="3">
        <name>红楼梦</name>
        <publisher>人民文学出版社</publisher>
    </book>
    <book id="4">
        <name>水浒传</name>
        <publisher>人民文学出版社</publisher>
    </book>
    </books>
```

要查询该文档中第 4 个子结点关于图书“水浒传”的信息，在 XSL 中使用 Xpath 路径查询书写如下语句：

```
<?xml version="1.0" encoding="gb2312"?>
<!--7-8.xsl-->
<xsl:stylesheet version="1.0"
xmlns:xsl="http://www.w3.org/1999/XSL/Transform">
<xsl:template match="/">
  图书名称：<xsl:value-of select="books/book[@id=4]/name"/><br/>
  出版社：<xsl:value-of select="books/book[@id=4]/publisher"/>
</xsl:template>
</xsl:stylesheet>
```

语句“图书名称：<xsl:value-of select="books/book[@id=4]/name"/>
”查询该文档中属于根元素“books”下面的子元素“book”中具有属性值为“id=4”的图书名称，同理语句“出版社：<xsl:value-of select="books/book[@id=4]/publisher"/>”查询图书出版社。最后可得到查询结果如图 7-5 所示。

图书名称：水浒传
出版社：人民文学出版社

图 7-5　Xpath 查询显示

想一想： 要查询得到该 XML 文档中书名为“红楼梦”的图书信息，该怎样书写 Xpath 语句？

7.4　小结

DOM（文档对象模型）是 W3C 公布的一个标准，为操纵 XML 文档提供了可编程的标准方法和一致的数据对象。它将 XML 文档读入到计算机内存中并形成一颗结点树，应用 DOM 接口可以实现在内存中操纵 XML 文档结点树，实现对 XML 文档的加载、遍历以及对 XML 节点内容的添加、删除和修改等功能。但是 DOM API 是级别较低的接口，对大型 XML 文档的处理应当优先使用 Xpath、XQuery。

Xpath 是一种专门用来在 XML 文档中查找信息的语言，目前主要用来对 XML 文档中的元素和属性进行遍历以便读取相应的数据。

在 Xpath 中包含 7 种不同的结点类型，Xpath 主要通过定位路径表达式实现定位，一个定位表达式由 3 部分组成：轴、结点测试和判定语句。

Xpath 中的步决定了轴在方向上如何移动，步的语法如下：

轴名称::节点测试[判定语句]。

此外，Xpath 还支持布尔、等式、关系和数值表达式。Xpath2.0 还支持更多的数据类型。

7.5 实训

1. 实训目的

通过本章实训了解 DOM 对象模型的应用以及 Xpath 查询的文档书写方式。

2. 实训内容

1）创建图书的 XML 文档，并用 DOM 来读取。代码如下：

```
<? xml version = "1.0" encoding = "utf-8" standalone = "no" ? >
<图书>
    <图书名称>射雕英雄传</图书名称>
    <图书名称>笑傲江湖</图书名称>
</图书>
```

```
Example1. java:
import javax. xml. transform. * ;
import javax. xml. transform. stream. * ;
import javax. xml. transform. dom. * ;
import org. w3c. dom. * ;
import javax. xml. parsers. * ;
import java. io. * ;
public class Example10{
    public static void main( String args[ ] ) {
        try{
                DocumentBuilderFactory factory = DocumentBuilderFactory. newInstance( ) ;
                DocumentBuilder builder = factory. newDocumentBuilder( ) ;
                Document document = builder. parse( new File( "Example10. xml" ) ) ;
                Element root = document. getDocumentElement( ) ;

                NodeList nodeList = root. getElementsByTagName( "图书名称" ) ;//获得书名的结点集合
                int size = nodeList. getLength( ) ;
                for( int k = 0 ; k < size ; k ++ ) {
                        Node node = nodeList. item( k ) ;
                        if( node. getNodeType( ) = = Node. ELEMENT_NODE) {
                        Element elementNode = ( Element) node;
```

```
                    String str = elementNode. getTextContent( );
                    if( str. equals( "" ) ) {
                        elementNode. setTextContent( "射雕英雄传" );
                    }
                    if( str. equals( "西游记" ) ) {
                        elementNode. setTextContent( "笑傲江湖" );
                    }
                }
            }
            TransformerFactory transFactory = TransformerFactory. newInstance( );
            Transformer transformer = transFactory. newTransformer( );
            DOMSource domSource = new DOMSource( document);
            File file = new File( "Example10. xml" );
            FileOutputStream out = new FileOutputStream( file);
            StreamResult xmlResult = new StreamResult( out);
            transformer. transform( domSource, xmlResult);
        }
        catch( Exception e) {
            System. out. println( e);
        }
    }
}
```

2）小明所在的学校要创建学生管理系统，使用电子文档格式进行保存和数据传输，请使用 Xpath 找出年龄小于 20 岁的学生。

```
<? xml version = "1. 0" encoding = "gb2312" ? >
<! -- students. xml -->
<? xml - stylesheet type = "text/xsl" href = "students. xsl" ? >
<students desc = "某班级部分学生年龄" >
  <student name = "张然" id = "00123" >
    <age >20 </age >
  </student >
  <student name = "王玉晓" id = "00124" >
    <age >21 </age >
  </student >
  <student name = "张玉良" id = "00129" >
    <age >19 </age >
  </student >
<student name = "邓宇" id = "00129" >
    <age >18 </age >
  </student >
</students >
```

XSL 样式表：

```
<? xml version = "1.0" encoding = "gb2312" ? >
<! -- students. xsl -->
<xsl:stylesheet version = "1.0"
  xmlns:xsl = "http://www. w3. org/1999/XSL/Transform" >
  <xsl:template match = "/" >
    <h4 >年龄小于 20 岁的学生名单 </h4 >
    <xsl:for-each select = "students/student[age &lt;20]" >
      <xsl:value-of select = "@ name" / > <xsl:value-of select = "@ id" / > <br/ >
    </xsl:for-each >
  </xsl:template >
</xsl:stylesheet >
```

3）根据下面这个 XML 文档，使用 Xpath 查找女学生并输出姓名和年龄。

```
<? xml version = "1.0" encoding = "gb2312" ? >
<! -- simple2. xml -->
<? xml-stylesheet type = "text/xsl" href = "simple2. xsl" ? >
<students >
  <student >
    <name >陈磊 </name >
    <sex >男 </sex >
    <birthday >1996. 4. 23 </birthday >
  </student >
  <student >
    <name >杨红 </name >
    <sex >女 </sex >
    <birthday >1994. 6. 20 </birthday >
  </student >
  <student >
    <name >李海月 </name >
    <sex >女 </sex >
    <birthday >1995. 2. 23 </birthday >
  </student >
  <student >
    <name >杨光林 </name >
    <sex >女 </sex >
    <birthday >1994. 8. 15 </birthday >
  </student >
<student >
    <name >付文斌 </name >
    <sex >男 </sex >
    <birthday >1997. 3. 25 </birthday >
```

```
    </student>
  </students>
```

XSL 样式表:

```
<? xml version = "1.0" encoding = "gb2312" ? >
<! -- simple2. xsl -->
<xsl:stylesheet version = "1.0"
  xmlns:xsl = "http://www.w3.org/1999/XSL/Transform" >
   <xsl:template match = "/students" >
     女学生姓名如下:<br/>
     <xsl:for-each select = "student[starts-with(sex,'女')]" >
        <xsl:value-of select = "name"/> <xsl:value-of select = "birthday"/> <br/>
     </xsl:for-each>
   </xsl:template>
</xsl:stylesheet>
```

7.6 习题

1. 选择题

1）DOM 是指（　　）。

A. 文档类型定义　B. 模式　C. 对象模型　D. 蓝图

2）Document 表示（　　）。

A. 文档根元素　B. 文档对象　C. 文档指令　D. 文档模式

3）下列（　　）对象是指的文本内容。

A. ELEMENT　B. Text　C. Attr　D. ATTLIST

4）下列（　　）对象是指文档中的元素。

A. ELEMENT　B. Text　C. Attr　D. ATTLIST

5）Xpath 是指（　　）。

A. 路径查询　B. 节点查询　C. 元素查询　D. 文档查询

6）在结点测试中，node()表示（　　）。

A. 任意结点　B. 任意数据　C. 任意元素　D. 任意内容

2. 简答题

1）简述 DOM 的作用。

2）简述 DOM 中的常见对象。

3）简述 Xpath 中的结点类型。

4）简述 XML 在内存中的存储方式。

5）语句：/html/body/title//div[2]返回结果是什么？

6）语句：/entry/body/p 返回结果是什么？

第 8 章　XML 与数据交换

本章要点

- JSON 的基本结构
- XML 与 JSON 的区别和联系
- XML 与 Java 的联系
- XML 与数据库的联系
- XML 与关系数据库的转换

8.1　XML 与 JSON

8.1.1　JSON 概述及语法格式

JSON 概述

1. JSON 的描述

JSON（JavaScript Object Notation）来源于 JavaScript，是新一代的网络数据传输格式。其中 JavaScript 是一种基于 Web 的脚本语言，主要用于在 HTML 页面中添加动作脚本。JSON 作为一种轻量级的数据交换技术，在跨平台的数据传输中起到了关键的作用。

从定义上看 JSON 本身即是一个 JavaScript 表达式，它由 IETF RFC4627 定义，在语法创建上与 JavaScript 类似，并可用 JSON 生成原生的 JavaScript 对象。JSON 的描述方式如下。

创建对象（名称）：一个对象以“｛”（左括号）开始，“｝”（右括号）结束。

描述对象（值对）：用""来保存。

（1）单个对象

例如，表示学生的一个对象：

```
{"姓名":"王飞",
"学号":003,
"专业":"计算机"
}
```

在使用 JSON 书写时，一个对象中可以包含多个值对。

"姓名":"王飞"等同于 JavaScript 中的语句：姓名 ="王飞"，对于使用者而言容易理解。

（2）数组

例如，表示一组学生：

```
{"学生":[
```

```
{"姓名":"王飞","专业":"计算机"},
{"姓名":"杨雪","专业":"电子"},
{"姓名":"张敏","专业":"机械"},
    {"姓名":"黄丽","专业":"英语"},
]
}
```

该例描述了一个学生数组，该组又包含多个学生对象。

可以使用相同的语法描述复杂的数组：

```
{{"学生":[
    {"姓名":"王飞","专业":"计算机"},
{"姓名":"杨雪","专业":"电子"},
{"姓名":"张敏","专业":"机械"},
{"姓名":"黄丽","专业":"英语"},
]
}
{"老师":[
{"姓名":"唐宇","职称":"中级"},
{"姓名":"章燕","职称":"中级"},
{"姓名":"舒珊","职称":"初级"}
]
}
}
```

该例通过数组描述了关于学生和老师的不同记录，值得注意的是在 JSON 中，记录的值对可以不一样。在处理 JSON 的数据时，可以更改数据的表示方式，因此每个数组中包含的值都是动态的。

2. JSON 的数据类型

JSON 中包含的数据类型有以下几种。

- 字符串类型：一个字符串值，如“today”，使用双引号引起来。
- 布尔类型：true 或 false。
- 数组类型：数组是值的组合，必须用方括号［］括起来。
- 数字类型：一个数字值，如 100 或 -100。
- 空类型：表示空值的 null。

3. 在 JavaScript 中创建 JSON

对 JSON 的创建比较容易，可直接使用记事本来创建并保存为 *.HTML 格式，再打开浏览器运行即可。

例 8-1 在 JavaScript 中创建 JSON 示例。

```
<html>
<body>
<h1>在 JavaScript 中创建 JSON 对象</h1>
```

```
<p>
姓名:<span id="jname"></span><br/>
电话:<span id="jphone"></span><br/>
</p>
<script type="text/javascript">
var JSONObject = {
"姓名":"张红",
"电话":"13993112345"};
document.getElementById("jname").innerHTML = JSONObject.name
document.getElementById("jphone").innerHTML = JSONObject.phone
</script>
</body>
</html>
```

该例同时使用了 HTML 语法和 JavaScript 语法，其中在语句“<script type="text/javascript">”后为 JSON 的实现过程。“var JSONObject”创建了 JSON 对象，“document.getElementById”调用了该数据。

“document.getElementById("jname").innerHTML = JSONObject.name”语句处理学生的姓名信息，“document.getElementById("jphone").innerHTML = JSONObject.phone”语句处理学生的电话信息，并用 JavaScript 来描述对象。

在浏览器中运行如图 8-1 所示。

在 JavaScript 中创建 JSON 对象

姓名: 张红
电话: 13993112345

图 8-1　JSON 的创建

4. 对 JSON 的数据访问

在创建了对象或数组之后，可以通过 JavaScript 来访问其中指定的内容，声明如下：

```
var people = {"stu":[
{"name":"wangfei","specialty":"cpmputrt"},
{"name":"yangxue","specialty":"electronic"},
{"name":"zhangmin","specialty":"machine"},
{"name":"haungli","specialty":"English"},
]
}
{"tec":[
{"name":"tangyu","professal":"high"},
{"name":"zhangyan","professal":"high"},
```

```
{"name":"sushan","professal":"middle"}
]
}
}
```

在该例中声明一个对象“people”，其中包含两个数组“stu”和“tec”。如要访问 stu 记录中的第 3 个条目的姓名，只需输入下列的命令即可：

```
people. stu[2]. name;
```

由于数组索引是从零开始，因此这行代码首先访问 people 变量中的数据；然后移动到名称为 stu 的条目，再移动到第 3 个记录（[2]）；最后，访问 name 键的值。输出结果是字符串值“zhangmin”。

同理查询老师的信息，输入命令 people. tec[2]. name，即可输出值为“sushan”的字符串。

例 8-2 对 JSON 数据的访问示例。

```
<html>
<body>
<h1>JSON 创建对象</h1>
<p>
First Name: <span id="firstname"></span><br/>
Last Name: <span id="lastname"></span><br/>
</p>
<script type="text/javascript">
var txt ='{"stu":[' +
'{"firstName":"lily","lastName":"Gates"},' +
'{"firstName":"George","lastName":"Bush"},' +
'{"firstName":"leslie","lastName":"ben"}]}';
var obj = eval("(" + txt + ")");
document. getElementById("firstname"). innerHTML = obj. students[2]. firstName
document. getElementById("lastname"). innerHTML = obj. students[2]. lastName
</script>
</body>
</html>
```

该例中 var obj 语句用来创建对象，eval()函数使用的是 JavaScript 编译器，可解析 JSON 文本，并执行其中的代码。在本例中使用 JSON 解析器将 JSON 解析成 JavaScript 脚本语言来执行，在 IE8.0 以上的浏览器中都可运行该文件。上述代码中，obj. students[2]. firstName 获取了第 3 个学生的 firstName 值的数据，obj. students[2]. lastName 则获得了第 3 个学生的 lastName 值的数据。

JSON 创建对象

First Name: leslie
Last Name: ben

图 8-2 JSON 的运行

在浏览器中打开如图 8-2 所示。

8.1.2 JSON 与 XML 的比较

JSON 与 XML 的实例书写与对比如下。

1）使用 XML 书写：

```
<学生名单>
<学生>
<姓名>张林</姓名>
<性别>男</性别>
<年龄>20</年龄>
</学生>
<学生>
<姓名>李鹏</姓名>
<性别>女</性别>
<年龄>19</年龄>
</学生>
<学生>
<姓名>王天</姓名>
<性别>男</性别>
<年龄>21</年龄>
</学生>
</学生名单>
```

2）使用 JSON 书写：

```
{
"学生":[{
"姓名":"张林",
"性别":"男",
  "年龄":"20",
  }
{
  "姓名":"李鹏",
  "性别":"女",
  "年龄":"19",
  }
{
  "姓名":"王天",
  "性别":"男",
  "年龄":"21",
  }
  ]
}
```

与 XML 的文档格式不同，JSON 使用数据块的方式来读取数据，更加简洁明了，比较适合机器的读取与操作。

JSON 与 XML 的比较如表 8-1 所示。

表 8-1　XML 与 JSON 的比较

可读性	XML 稍好
可扩展性	两者相当
解析难度	JSON 编码和解码较容易
安全性	两者相当
存储大小	JSON 更小
平台与软件支持	XML 应用更广泛
传输速度	JSON 更快
数据描述	JSON 较好
市场前景	JSON 潜力更大

综上所述，XML 的优点：格式统一，开发技术成熟，支持厂家多，通用性强。

XML 的缺点：文件存储相对体积较大，解析需要资源较多。

JSON 的优点：数据格式简单，传输快，解析方便，易于读取和维护，潜力大。

JSON 的缺点：目前市场还不成熟，应用不完善，通用性还不够。

其中 XML 与 JSON 最大的区别在于对数据的解析。XML 常使用 DOM 和 SAX 技术解析文档，DOM 技术将 XML 文档放在内存中作为树形的对象模型来读取，SAX 则将 XML 文档作为事件模型来触发。JSON 在解析时通过遍历字符串，从而读取其中的数据内容。

当存储的数据不大时使用 JSON 可以提高数据交换的效率，而当数据内容超过一定规模时使用 XML 则更加方便。

练一练：对如下的 XML 文档，请用 JSON 的方式来解析并在浏览器中显示其中的数据。

```
<学生>
<姓名>张林</姓名>
<性别>男</性别>
<专业>计算机</专业>
</学生>
```

8.1.3　用 Java 解析 JSON

例 8-3　用 Java 解析 JSON 示例。

创建 JSON 文档如下：

```
{
"result":"98",
"reason":"successed!",
"today":"sunday"
}
```

使用 Java 编写解析代码如下：

```
package cn. edu. bzu. json;
    import java. io. FileNotFoundException;
    import java. io. FileReader;
    import com. google. gson. JsonArray;
    import com. google. gson. JsonIOException;
    import com. google. gson. JsonObject;
    import com. google. gson. JsonParser;
    import com. google. gson. JsonSyntaxException;
    public class Read{
    public static void main(String args[]){
    JsonParser parse = new JsonParser();                    //创建 JSON 解析器
      try{
      JsonObject json = (JsonObject) parse. parse(new FileReader("weather. json"));//创建 JsonObject 对象
      System. out. println("result:" + json. get("result"). getAsInt());   //将 JSON 数据转为 int 型的数据
      System. out. println("reason:" + json. get("reason"). getAsString());//将 JSON 数据转为 String 型的数据
      JsonObject result = json. get("result"). getAsJsonObject();
        }catch(JsonIOException e){
          e. printStackTrace();
        }catch(JsonSyntaxException e){
          e. printStackTrace();
        }catch(FileNotFoundException e){
          e. printStackTrace();
        }
      }
    }
```

运行结果如下：

```
result:98,
reason:successed!,
```

从该例可以看出，在用 Java 解析 JSON 数据时，需要以下 3 个步骤：

1）创建解析器；

2）创建 JsonObject 对象；

3）转换 Json 数据为对应的数据。

8.1.4 XML 在 HTML 中的解析

与 JSON 的解析类似，XML 同样可以在 HTML 中解析数据，常见的方法有以下两种。

1）用 JavaScript（JQuery）解析 XML。

2）通过后台程序（jsp、php 等）载入 XML 并解析。

其中 JQuery 是最流行的 JavaScript 库，也是最容易学习的库。它可以屏蔽不同浏览器之间的差异性，使程序更加可靠和安全，同时也减少了生成的代码。JQuery 库包含许多常用于 Web 开发的工具，它对 Web 的开发比 JavaScript 开发更简洁。

例 8-4 使用 JQuery 解析示例。

XML 文档如下，保存为 note. xml 文件：

```
< note >
< p id = " p" > welcome to here < /p >
< /note >
```

JQuery 解析过程：

```
< ! DOCTYPE html PUBLIC" -//W3C//DTD HTML 4.01 Transitional//EN" " http://
www. w3. org/TR/html4/loose. dtd" >
< html xmlns = " http://www. w3. org/1999/xhtml" xml:lang = " en" >
< head >
< meta http - equiv = " Content - Type" content = " text/html; charset = utf - 8" >
< title > jquery 解析 xml < /title >
< script type = " text/javascript" src = " js/jquery - 1. 4. 2. min. js" > < /script >
< /head >
< body >
< form onsubmit = " return false;" zction = " " >
< p > < input type = " button" onclick = " getXML( ) " value = " GET XML" > < /p >
< div id = " reme" > < /div >
< script type = " text/javascript" >
function handler( theData, theStatus, jqXHR)
{$( " div" ). append( theData, firstChild);
}
function getXML( )
{$. ajax( {
type: " GET",
url: " note. xml",
dataType: " xml",
success: handle
});
}
/script >
    < /body >
```

该例首先定义了函数 “handler”，用来将 XML 的元素添加到文档中每个子结点的后面，当用户单击 Get Xml 按钮时即调用了 getXML 函数，并通过 JQuery 中的 Ajax 读取数据。

其中 “jqXHR” 表示浏览器原生 XMLHttpRequest 对象的超集，“$. ajax( )” 表示返回 jQuery 自己的 XMLHttpRequest 对象（一般简称 jqXHR）。“firstChild” 用于匹配父元素的第一个子元素。

8.2　XML 与数据库

8.2.1　XML 与数据库概述

数据库是伴随着计算机的发明而诞生的，它的功能主要是数据存储、数据管理和数据共享。对于在数据库中保存的数据，人们可以对其进行查询、删除、修改、增加等各种应用。

XML 文档也可以看作是一个数据库，它是存储数据与管理数据的场所。XML 具有作为数据库的优点是易描述、易存储、易传输、易交换；缺点在于要进行必要的解析，对数据的访问效率可能较低。

XML 与数据库的关系如图 8-3 所示。

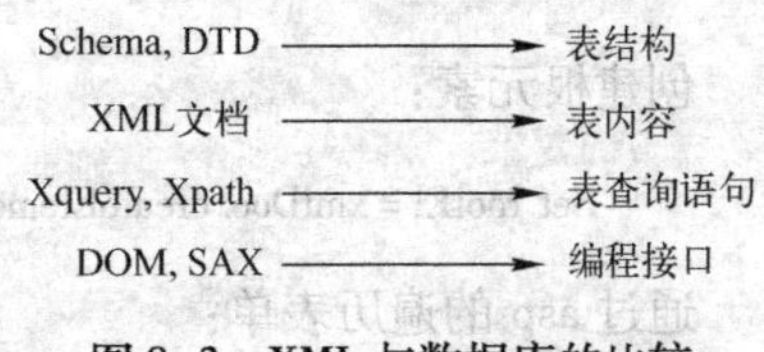

图 8-3　XML 与数据库的比较

从图中可以看出，XML 可以当成完整的数据库来应用，它以文本的方式存储数据，提供了对数据的直接访问，通过 Schema 规范了数据的逻辑结构，使用 Xquery 或者 Xpath 进行对数据的查询，应用 DOM 来实现应用程序的编程接口。在数据量小、用户较少的前提下，XML 可以完美地实现数据存储与读取的功能。但是由于缺少高效的存储和安全的访问机制，XML 不适合于用户量大的工作环境。

比较适合 XML 的数据库环境有：

- 网页中的表单数据。
- 个人通信录数据。
- 公司的销售订单数据。
- 电子商务数据。
- 计算机中的配置文件。
- 网络中的实时数据传输。
- 移动通信中的数据传输。

1. 在网页中生成表单数据的过程

```
<html>
<body>
<form action = "Form. asp"  method = "post">
<h1>联系人信息:</h1>
<label>姓名:</label>
<p><input type = "text"  id = "Name"  name = "Name"></p>
<label>性别:</label>
<p><input type = "text"  id = "sex"  name = "sex"></p>
<label>城市:</label>
<p><input type = "text"  id = "city"  name = "city"></p>
<label>街道:</label>
<p><input type = "text"  id = "street"  name = "street"></p>
<label>邮件:</label>
```

```
<p> <input type = "text"   id = "email"   name = "email" > </p>
<p>
<input type = "submit"   id = "btn_sub"   name = "btn_sub"   value = "Submit" >
<input type = "reset"   id = "btn_res"   name = "btn_res"   value = "Reset" >
</p>
</form>
</body>
</html>
```

保存为“cus. html”。

创建 XML 文档：

```
Set xmlDoc = Server. CreateObject("Microsoft. XMLDOM")
```

创建根元素：

```
Set rootEl = xmlDoc. createElement("客户")
```

通过 asp 的遍历表单：

```
for i = 1 To Request. Form. Count
```

创建子元素后存储为 XML 文档如下：

```
<? xml version = "1.0"? >
<客户>
  <姓名>龙宇</姓名>
  <性别>男</性别>
  <城市>重庆</城市>
  <街道>江北区华新街 64 号</街道>
  <邮件>3221111@ qq. com</邮件>
  </客户>
```

2. 在 Windows 中的配置文件存储信息

```
<?xml version = "1.0"   encoding = "iso-8859-1"? > <SUF70UninstallData>
<DataFilePath>C:\windows\unii. dat</DataFilePath>
<CPRegKey>SOFTWARE\Microsoft\Windows\CurrentVersion\Uninstall\MaxDOS 9.2</CPRegKey>
<EXELocation>C:\windows\uni. exe</EXELocation>
<AppShortcutFolderPath>C:\ProgramData\Microsoft\Windows\Start Menu\Programs\MaxDOS</Ap-
pShortcutFolderPath>
<UninstallReverseOrder>1</UninstallReverseOrder>
<UninstallFiles>
<File>
<Filename>C:\MaxDOS\MaxDOS. exe</Filename>
<DecrementUsageCount>0</DecrementUsageCount>
<UnregisterCOM>0</UnregisterCOM>
<UnregisterFont>0</UnregisterFont>
```

```
<FontDesc/>
<BackupFile/>
</File>
<File>
<Filename>C:\MaxDOS\Maxft.gz</Filename>
<DecrementUsageCount>0</DecrementUsageCount>
<UnregisterCOM>0</UnregisterCOM>
<UnregisterFont>0</UnregisterFont>
<FontDesc/>
<BackupFile/>
</File>
<File>
<Filename>C:\MaxDOS\Maxkr.gz</Filename>
<DecrementUsageCount>0</DecrementUsageCount>
<UnregisterCOM>0</UnregisterCOM>
<UnregisterFont>0</UnregisterFont>
<FontDesc/>
<BackupFile/>
</File>
```

8.2.2 XML 与关系数据库

1. XML 与关系数据表的转换

数据库的应用解决了计算机中数据的存储和管理的关键问题。从体系结构上看，数据库经历了网状数据库、层次数据库、关系数据库和面向对象数据库等几个阶段，目前应用最广泛的当属关系数据库。

关系数据库是建立在关系数据库模型上的数据库，主要依靠多张表存储数据，并在表与表之间建立逻辑关系。关系数据库使用方便，容易扩充功能，并拥有自结构化查询语言 SQL。

关系数据库的表结构如表 8-2 所示。

表 8-2　二维表格

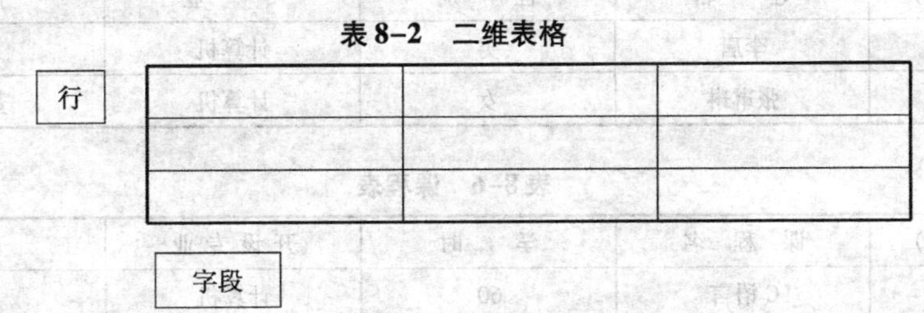

表 8-3 表示的是关系数据表。

表 8-3　关系数据表

员工号（主键）	姓　名	性　别	部　门	职　务
15010010	黄飞	男	软件设计部	职员
15010010	李晓	男	市场部	部门经理

此表可以通过主键“员工号”与其他数据表形成关联。

在关系数据库中采用二维表格作为主要的存储方式。表格由行和列组成，列称为“字段”，用于表示数据的信息属性，而行则用于显示完整的数据记录集。

XML 与关系数据库的转换如图 8-4 所示。

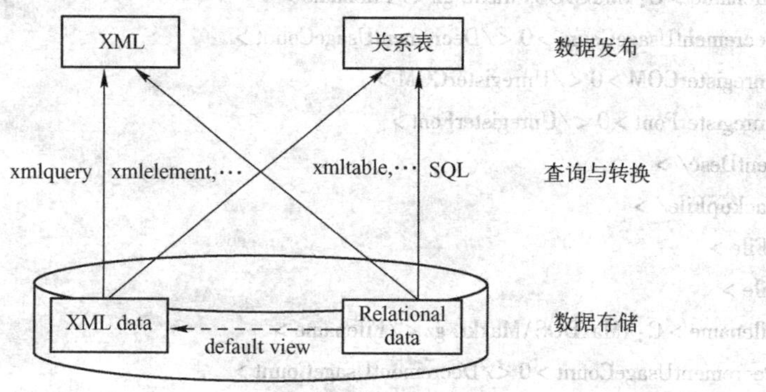

图 8-4　XML 与关系数据库的转换

其中转换的主要步骤分为数据存储、查询与转换以及数据发布 3 步，可以由 XML 文档生成关系数据库，反之也成立。其中关键的一步是建立 XML 文件到对应数据库的 Schema 映射关系，即表与表的逻辑对应。在数据转换到数据库之前先将文件按照所要求的结构进行转换，然后再交换数据。同样地，数据从数据库中取出来以后依然要进行转换。

在一个学生管理系统里，可能会有多张表来收集各种数据，其中表 8-4 ~ 8-6 显示了学生、教师和课程的联系。

表 8-4　学生信息表

学号（主键）	姓　名	性　别	专　业	所学课程
05010011	王菲	男	计算机	C 语言，数据库基础
05010012	李煜	男	计算机	数据库基础，C 语言

表 8-5　教师信息表

职工号（主键）	姓　名	性　别	专　业	任教课程
15010011	李唐	男	计算机	C 语言
15010012	张琳琳	女	计算机	数据库基础

表 8-6　课程表

课程号（主键）	课　程　名	学　时	开设专业	开课教师
30031	C 语言	60	计算机	李唐
30032	数据库基础	60	计算机	张琳琳

在上述 3 张表中，数据相互独立但是又可以产生联系，通过表的主键来形成一一对应。学号、职工号与课程号联系了 3 个表中的所有数据。

上述 3 张表中的数据可以形成如下的 XML 文档：

```
<学生信息表>
<学生>
<学号>05010011</学号>
<姓名>王菲</姓名>
<性别>男</性别>
<专业>计算机</专业>
<所学课程>C 语言</所学课程>
<所学课程>数据库基础</所学课程>
</学生>
</学生信息表>

<教师信息表>
<教师>
<职工号>15010011</职工号>
<姓名>王菲</姓名>
<性别>男</性别>
<专业>计算机</专业>
<任教课程>C 语言</任教课程>
</教师>
</教师信息表>

<课程表>
<课程>
<课程号>30031</课程号>
<课程名>C 语言</课程名>
<学时>60</学时>
<开设专业>计算机</开设专业>
<开课教师>李唐</开课教师>
</课程>
</课程表>
```

将关系数据库中的表转换为 XML 数据是可以实现的，但是值得注意的是，如果在 XML 文档中元素包含有属性，或者文档结构复杂，有可能在转换过程中丢失一些 XML 信息。如何实现 XML 文档与关系数据库的稳定转换是目前 XML 技术研究的重点。

一个结构较复杂的 XML 文档如下所示：

```
<学生 学号="0401112">
<姓名>王菲</姓名>
<性别>男</性别>
<专业>计算机</专业>
<所学课程 任课教师="王磊">C 语言</所学课程>
  </学生>
```

当 XML 文档结构较为复杂的时候，经转换过的数据表会丢失大量的 XML 描述的数据，甚至会改变原有的 XML 文档结构，难以区分在 XML 文档中的区分元素和属性。

上例转换后的数据表如表 8-7。

表 8-7 转换后的对应数据表

学号（主键）	姓 名	学 号	性 别	专 业	所学课程	任课教师
0401112	王菲	0401112	男	计算机	C 语言	王磊

从表中看出经过转换后的数据表改变了 XML 文档结构中元素与属性的关系。

例 8-5 将 XML 文档转换为对应的数据库表示例。

创建 XML 文档，并命名为 book. xml：

```
<图书>
<书号>ISBN-978-3-1112</书号>
<书名>红楼梦</书名>
  <作者>曹雪芹</作者>
  <主要内容>描写贾宝玉与林黛玉的爱情故事及大家族的没落</主要内容>
  <出版社>人民文学出版社</出版社>
</图书>
```

设计该文档的 Schema：

```
  <xs:element name="图书">
  <xs:complexType>
  <xs:sequence>
<xs:element name="书号"   type="xs:string"/>
<xs:element name="书名"   type="xs:string"/>
<xs:element name="作者"   type="xs:string"/>
<xs:element name="主要内容"   type="xs:string"/>
<xs:element name="出版社"   type="xs:string"/>
</xs:sequence>
</xs:complexType>
</xs:element>
```

设计对应的图书表如表 8-8 所示。

表 8-8 图书信息表

字段名	数据类型	长 度	备 注
书号	Char	20	主键
书名	Char	20	–
作者	Char	10	–
主要内容	Char	30	–
出版社	Char	10	–

用 SQL 创建对应的数据表如下所示。

建立 book 表：

```
CREATE TABLE book
(书号 char(20)NOT NULL PRIMARY KEY,
书名 char(20)NOT NULL,
作者 char(10)NOT NULL,
主要内容 char(30)NOT NULL,
出版社 char(10)NOT NULL
)
```

创建完数据表后即可向表中添加数据内容：

```
INSERT INTO book VALUES('ISBN-978-3-1112','红楼梦','曹雪芹','描写贾宝玉与林黛玉的爱情故事及大家族的没落','人民文学出版社',)
```

还可以在表中继续添加：

```
INSERT INTO book VALUES('ISBN-978-3-2111','西游记','吴承恩','描写唐僧师徒四人西天取经的故事,'人民文学出版社',)
```

至此实现了从 XML 到数据库表的转换。

2. XML 显示关系型数据

在 SQL 中提供关系性数据的 XML 视图，并提供了多种查询、修改和访问的方法。在 SQL 中使用 FOR 语句和 Select 语句结合可以构造 XML 数据元素，通过查询返回 XML 即可，其中最基本的 FOR XML 模式是 RAW。

例 8-6 XML 文档显示关系型数据示例。

创建 XML 文档，并命名为 student. xml：

```
<学生表>
<学生>
  <学号>1002222</学号>
  <姓名>张童</姓名>
  <性别>男</性别>
  <专业>计算机</专业>
  <班级>软件1班</班级>
  <课程>C语言设计</课程>
  <分数>89</分数>
  <任课教师>刘飞</任课教师>
</学生>
<学生>
  <学号>1002223</学号>
  <姓名>万刚</姓名>
  <性别>男</性别>
  <专业>计算机</专业>
  <班级>软件1班</班级>
  <课程>C语言设计</课程>
  <分数>69</分数>
```

```
  <任课教师>刘飞</任课教师>
</学生>
  </学生表>
```

如果要查询分数大于 85 分的学生信息，在 SQL 中输入语句。

```
SELECT[学号]
      ,[姓名]
      ,[性别]
      ,[专业]
      ,[班级]
      ,[课程]
      ,[分数]
      ,[任课教师]
FORM[学生表]
WHERE[分数]>85;
FOR XML RAW('学生'),ELEMENTS,ROOT('学生表')
```

返回得到如下结果：

```
<学生表>
<学生>
<学号>1002222</学号>
<姓名>张童</姓名>
<性别>男</性别>
<专业>计算机</专业>
<班级>软件1班</班级>
<课程>C语言设计</课程>
<分数>89</分数>
<任课教师>刘飞</任课教师>
</学生>
</学生表>
```

其中，语句 ROOT('学生表')指明了文档的根元素是"学生表"，即返回整个的 XML 文档。RAW['ElementName']采用查询结果，并将结果中的每一行转换为通用标识符 <row/> 作为元素标记的 XML 元素。

3. 在 SQL 中建立 XML 文档

例 8-7 在 SQL 中建立 XML 文档示例。

1）打开 SQL，在 SQL 中创建表，名为 Tabs。

```
CREATE TABLE dbo. Tabs(
TabID INTEGER IDENTITY PRIMARY KEY,
XMLTab XML
)
```

"XMLTab XML"语句表示在表中将 XMLTab 定义为 XML 数据类型。

2）插入表。

```
<book>
<title></title>
<author></author>
</book>
```

3）插入 XML 文档如下。

```
INSERT Tabs
VALUES('<book><title>Tiger</title><author>Joe</author></book>')
```

4）用下列语句验证数据读取成功与否。

```
SELECT * FROM Tabs
```

8.2.3 XML 与面向对象数据库

面向对象的概念来源于编程技术中的面向对象程序设计，基本思想是把数据看作对象，每一个对象都可以包含方法和属性，数据可以派生新的对象，数据间存在继承关系。面向对象技术反映了人们对计算机编程技术的进一步理解，它将现实世界的思维与计算机思维完美地结合在一起，体现了极高的专业技术。

面向对象数据库管理系统将 XML 描述为对象存储在数据库中，与关系数据库不同，当 XML 存储在面向对象数据库中时将不会被拆分，这样可以保留 XML 数据的结构和语义信息的完整性。作为存储其中的数据，XML 可以更好地与高级编程语言结合（如 Java）等，实现对数据的更好访问和存储。

如今，面向对象数据库技术发展很快，许多知名的厂商（如 IBM、Oracle 等）都宣称其数据库产品支持面向对象数据库技术。

8.2.4 XML 数据库

XML 数据库

1. XML 数据库概述及分类

Web 数据主要分为 3 种类型：结构化数据、非结构化数据和半结构化数据。结构化数据简单地说就是数据库，目前主要分为关系数据库和面向对象数据库；非结构化数据为声音、图像、影视等无模式数据；半结构化数据是介于结构化数据和无结构数据之间的一种数据类型，它有一定的结构但是不固定，规模可大可小，对网络的依赖大并且有可能随时都处于变化中，这种数据用 XML 来描述和存储最合适。

例如，显示病人信息的 XML 文档如下：

```
<病人信息>
<姓名></姓名>
<性别></性别>
<年龄></年龄>
<地址></地址>
```

<电话></电话>
<症状></症状>
<诊断结果></诊断结果>
<用药></用药>
</病人信息>

对于不同的病人，病历有的简单有的复杂，如有的病历上需要注明病人的病情复杂情况、以前就诊情况、用药情况等，甚至还有一些未知的情况等都可能会出现。这种时候使用XML数据库能够较好地进行存取和管理。

与传统的数据库相比，XML数据库对于复杂数据的处理更简单，对异构数据库的支持更强大。它是一种支持XML格式的数据管理系统，开发人员可以使用该系统对数据库中的XML文档进行查询和导出。

目前的XML数据库主要有以下3种类型。

1）XEDB：为支持XML的数据库，它在原有的数据库基础上进行扩充，使之能够适应XML数据存储和查询的需要。通过厂商提供的在XML中增加映射层管理的方式对数据进行存储和查询，但原始的XML数据有可能会丢失并且查询结果的数据格式会发生变化。

2）NXD：表示纯XML数据库。其基本的逻辑存储单位是XML文档并按照XML的方式处理数据，在引擎工作时不会对任何文档执行转换，其在处理XML数据时方式自然。在对数据进行查询时主要采用Xpath语言，操作简单直接、效率高，但是在数据量较大时执行效率会有所降低。目前纯XML数据库是主流发展趋势。

3）HXD：表示混合XML数据库，能够根据需要将其视为XEDB或NXD数据库。

2. 纯XML数据库技术介绍

（1）纯XML数据库特点

目前处理XML数据的数据库大多是关系数据库，但是关系数据库的存储方式毕竟不同于XML文档模型，在处理数据时存在一定的差异，如在查询和存储XML数据时要经过多次转换等。纯XML数据库与关系数据库不同，它以XML文档为基础，可以直接操作XML源文件的数据库管理系统，并保证整个XML文档的完整性。在查询中，直接支持XML查询语言，如XPath，不需要转换成SQL或对象查询语言。

一个完整的XML数据库应当具备以下特点：

- 将XML文档作为逻辑存储的基本单位并定义逻辑模型，并且模型与XML文档结构一致（包含元素、属性等）。
- 有多种存储格式。

（2）纯XML数据库功能

纯XML数据库应当具备以下功能。

- 存储与管理：在纯XML数据库中，XML文档是逻辑存储的基本单位，它的构建模型系统中要包含XML的基本元素、属性及文档的顺序结构。XML数据段存储与管理都基于逻辑模型而实现，按照树形结构来存储，并设计DTD模式。如图8-5所示为XML数据库的树形结构。

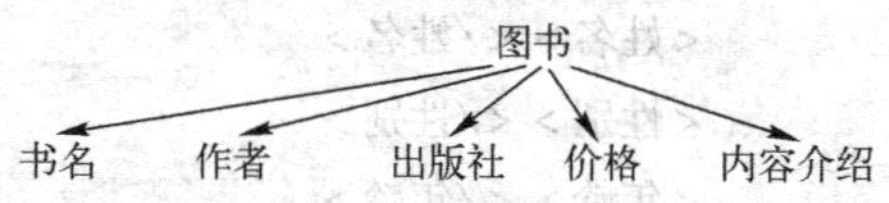

图8-5　XML数据库的树形结构

在具体的存储中，根据实际情况使用深度优先顺序存储或广度优先顺序存储来实现。

- 数据集合：在纯 XML 数据库中要能够实现对数据集合的随意嵌套和关联，并保证在同一数据集合中不同文档的数目不受外界的限制。在处理半结构化的 XML 文档时，还可以提供“无模式”的文档集合实现。
- 查询与索引：纯 XML 文档的查询和索引主要支持 Xpath 与 Xquery 两种主流的查询语言，这两种查询语言都以路径表达式作为其核心内容，基本思想为对数据进行导航式遍历。其中 Xpath 语言应用较广泛，支持厂商较多，但它存在不能分组等缺点，而 Xquery 查询语言功能则更加强大。此外，在纯 XML 数据库中还包含有查询分解、查询优化、查询更新等内容亟待解决。
- 接口规范：纯 XML 数据库主要使用两种常见的接口规范来处理应用程序，即 DOM 和 SAX。其中，DOM 是一种面向对象的解析处理接口规范，它是一组对象的集合，通过操作这些对象就能够操作 XML 文档；SAX 指 XML 的简单应用程序接口，它采用了基于事件的方式来处理 XML 文档，与 DOM 相比检索效率更高。

3. 纯 XML 数据库简介

1）OrientX：OrientX 是中国人民大学开发的一个纯 XML 数据库管理系统。它的存储系统建立在操作系统的文件系统上，存储管理以记录为单位，一个 XML 文档包含若干条记录，多个满足同一个模式定义（DTD 或者 XMLSchema）的 XML 文档存放在一个数据集里。在查询中，OrientX 将由 XQue ~ 表达的查询转换为由 XML 代数运算构成的操作树，采用基于代价估计的查询优化策略来实现查询。

2）eXist：eXist 作为一种有索引依据的 Xquery 处理程序而广受重视。它根据 XML 数据模型、功能、基于索引的 XQuery 进程来存储 XML 数据。可以自动进行索引，扩展全文本搜索，XUpdate 支持并且它与现存的 XML 开发工具可以紧密地结合在一起。

8.3 XML 与 Java

XML 的解析

8.3.1 Java 解析 XML 原理

在使用 Java 解析 XML 文档时，一般是用 XML 解析器来完成。目前常见的解析方式有以下 3 种。

1）DOM 解析：DOM 解析的特点就是把整个 XML 文件装载入内存中，形成一棵 DOM 树，通过结点进行遍历。树形结构的优点主要是方便遍历和和操纵。然而由于使用 DOM 解析器的时候需要处理整个 XML 文档，所以对性能和内存的要求比较高，尤其是遇到很大的 XML 文件时，因此 DOM 解析器常用于 XML 文档需要频繁改变的服务中。

2）SAX 解析：全称为 Simple API for XML，是基于事件的“推模型”，不同于 DOM 要建立完整的文档树，SAX 在解析时通过读取文档激活一系列事件，把事件推给事件处理器，然后由事件处理器提供对文档内容的访问。与 DOM 相比，SAX 对内存的要求比较低。

3）DOM4J 解析：DOM4J 是一个 Java XML API，具有性能优异、功能强大和方便易用的特点，同时它也是一个开放源代码的软件。使用 DOM4J 来读写 XML 简单方便。

8.3.2 DOM 解析 XML 示例

XML 文档：book. xml

```
<? xml version = "1.0" encoding = "UTF - 8"? >
< books >
< bookcategory = "文学" >
< title > 西游记 </title >
< author > 吴承恩 </author >
< publish > 人民文学出版社 </publish >
</book >
< book category = "历史" >
< title > 魏晋南北朝 </title >
< author > 陈寅格 </author >
< publish > 人民文学出版社 </publish >
</book >
</books >
```

解析代码：

```
package xml. dom;
import java. io. File;
import javax. xml. parsers. DocumentBuilder;
import javax. xml. parsers. DocumentBuilderFactory;
import org. w3c. dom. Document;
import org. w3c. dom. Element;
import org. w3c. dom. Node;
import org. w3c. dom. NodeList;
public class ReadXmlFile{
public static void main(String[ ] args){
 try{
  File xmlFile = new File("src/resource/book. xml");
  DocumentBuilderFactory builderFactory = DocumentBuilderFactory. newInstance( );
  DocumentBuilder builder = builderFactory. newDocumentBuilder( );
  Document doc = builder. parse(xmlFile);
  doc. getDocumentElement( ). normalize( );
  System. out. println("Root element:" + doc. getDocumentElement( ). getNodeName( ));
  NodeList nList = doc. getElementsByTagName("book");
  for(int i = 0;i < nList. getLength( );i ++){
  Node node = nList. item(i);
  System. out. println("Node name:" + node. getNodeName( ));
  Elementele = (Element)node;
  System. out. println(" ------------------------------ ");
  if(node. getNodeType( ) = = Element. ELEMENT_NODE){
  System. out. println("book category:" + ele. getAttribute("category"));
```

```
        System.out.println("title name:" + ele.getElementsByTagName("title").item(0).getTextContent());
        System.out.println("author name:" + ele.getElementsByTagName("author").item(0).getTextContent());
        System.out.println("publish:" + ele.getElementsByTagName("publish").item(0).getTextContent());
        System.out.println("--------------------------");
      }
    }
```

运行结果:

```
Root element:books
Node name:book
-----------------------------
book category:文学
title name:西游记
author name:吴承恩
publish:人民文学出版社
--------------------------
Node name:book
-----------------------------
book category:历史
title name:魏晋南北朝
author name:陈寅格
publish:人民文学出版社
```

具体解析步骤如下:

1）创建新的 XML 文档对象。

```
File xmlFile = new File("src/resource/book.xml");
```

2）调用 DocumentBuilderFactory.newInstance()方法得到创建 DOM 解析器的工厂。

```
DocumentBuilderFactory builderFactory = DocumentBuilderFactory.newInstance();
```

3）调用 DOM 解析器对象的 parse()方法解析 XML 文档，得到文档的 Document 对象。

```
Document doc = builder.parse(xmlFile);
```

4）逐级解析结点。

```
NodeList nList = doc.getElementsByTagName("book");
```

5）遍历结点，输出结果。

```
for(int i = 0;i < nList.getLength();i ++)
```

值得注意的是，在解析中字符编码格式要使用"UTF-8"，否则有可能在运行时会出现产生乱码的现象。

8.3.3 DOM4J 解析 XML 示例

XML 文档：books. xml

```
<? xml version = "1. 0" encoding = "UTF - 8" ? >
<图书信息 >
<图书 >
 <书名 >西游记 </书名 >
 <作者 >吴承恩 </作者 >
 <出版社 >人民文学出版社 </出版社 >
</图书 >
<图书 >
 <书名 >魏晋南北朝 </书名 >
 <作者 >陈寅格 </作者 >
 <出版社 >人民文学出版社 </出版社 >
</图书 >
</图书信息 >
```

解析代码：

```
import java. io. File;
import java. util. List;
import org. dom4j. Attribute;
import org. dom4j. Document;
import org. dom4j. Element;
import org. dom4j. io. SAXReader;
SAXReader reader = new SAXReader( ) ;
String filePath = " books. xml" ;
File file = new File( filePath) ;
Document document;
try{
document = reader. read( file) ;
Element root = document. getRootElement( ) ;                    //得到根结点
/ * Element database = ( Element) root. selectSingleNode( "//图书信息/图书" ) ;
List list = database. elements( ) ;                             //得到 database 元素下的子元素集合
for( Object obj : list) {
Element element = ( Element) obj ;
//getName( )是元素名,getText( )是元素值
System. out. println( element. getName( ) + " :" + element. getText( ) ) ;
} * /
List nodes = root. elements( " 图书" ) ;
for( Iterator it = nodes. iterator( ) ; it. hasNext( ) ; ) {
Element elm = ( Element) it. next( ) ;
```

```
for( Iterator it2 = elm. elementIterator( ) ;it2. hasNext( ) ; ) {
        Element elel = ( Element) it2. next( ) ;
        System. out. println( elel. getName( ) + " :" + elel. getText( ) + " :" ) ;
        }
        }
        }
        } catch( DocumentException e) {
        e. printStackTrace( ) ;
        }
```

运行结果：

书名：西游记

作者：吴承恩

出版社：人民文学出版社

书名：魏晋南北朝

作者：陈寅恪

出版社：人民文学出版社

具体解析步骤如下：

1）指定要解析的文件。

```
File xmlFile = new File( fileName) ;
```

2）选择解析方式。

```
SAXReader saxReader = new SAXReader( ) ;
```

3）具体解析 XML 文档。

```
Document document = saxReader. read( xmlFile) ;
```

4）解析 XML 的对象模型。

```
//取得根节点
Element rootNode = document. getRootElement( ) ;
//取得所有的下一级节点
List secondList = rootNode. elements( ) ;
//根据名字取的子节点
fourElement. element( " firstname" )
//根据名字取的子节点,和节点内容
fourElement. element( " firstname" ). getText( )
```

8.4 小结

JSON（JavaScript Object Notation）来源于 JavaScript，是新一代的网络数据传输格式。JSON 本身即是一个 JavaScript 表达式，它由 IETF RFC4627 定义，在语法创建上与 JavaScript 类似，并可用 JSON 生成原生的 JavaScript 对象。

在使用 JSON 和 XML 作为数据传输方式时，当存储的数据不大时使用 JSON 可以提高数据交换的效率，而当数据内容超过一定规模时使用 XML 则更加方便。

XML 文档同时也可以看作一个数据库，它是存储数据与管理数据的场所。XML 具有作为数据库的优点是易描述、易存储、易传输、易交换，缺点在于要进行必要的解析，对数据的访问效率可能较低。

XML 可以当成完整的数据库来应用，它以文本的方式存储数据，提供了对数据的直接访问，通过 Schema 规范数据的逻辑结构，使用 Xquery 或者 Xpath 进行对数据的查询，应用 DOM 来实现应用程序的编程接口。在数据量小、用户较少的前提下，XML 可以完美地实现数据存储与读取的功能。目前，纯 XML 数据库是 XML 数据库的发展趋势。

8.5 实训

1. 实训目的

通过本章实训了解 XML 数据交换的特点，掌握常见数据交换实现方式。

2. 实训内容

1）使用 JSON 字符串来创建对象。文档代码如下：

```
<html>
<body>
<h1>用 JSON 字符串来创建对象</h1>
<p>
First Name: <span id="firstname"></span><br/>
Last Name: <span id="lastname"></span><br/>
</p>
<script type="text/javascript">
var txt='{"peoples":[' +
'{"firstName":"Joe","lastName":"Gates"},' +
'{"firstName":"George","lastName":"Bush"},' +
'{"firstName":"Davis","lastName":"Carter"}]}';
var obj = eval("(" + txt + ")");
document.getElementById("fname").innerHTML = obj.employees[1].firstName
document.getElementById("lname").innerHTML = obj.employees[1].lastName
</script>
</body>
</html>
```

2）用 JavaScript 转换 XML 文档。

```
<?xml version="1.0" encoding="UTF-8" standalone="no"?>src.xml
<学生>
<姓名>张兰</姓名>
<性别>女</性别>
<年龄>21</年龄>
<专业>计算机</专业>
```

```
</学生>

<html>
<body>
<script type = "text/javascript">
if(window.ActiveXObject){
  var doc = new ActiveXObject("Microsoft.XMLDOM");
  doc.async = "false";
  doc.load("src.xml");
}
else  {
var parser = new DOMParser();
var doc = parser.parseFromString("src.xml","text/xml");
}
var node = doc.documentElement;
for(i = 0;i < node.childNodes.length;i ++)
{
    document.write(node.childNodes[i].nodeName);
    document.write(" = ");
    document.write(node.childNodes[i].text);
    document.write("<br>");
}
    </script>
    </body>
    </html>
```

3）将 XML 文档转换为对应的数据表，并给出数据类型。

```
<研究生名单>
<研究生>
<学号>2016001</学号>
<姓名>王红</姓名>
<专业>计算机系</专业>
</研究生>
<研究生>
<学号>2016002</学号>
<姓名>李玉</姓名>
<专业>管理系</专业>
</研究生>
<研究生>
<学号>2016101</学号>
<姓名>张飞</姓名>
<专业>电子系</专业>
</研究生>
</研究生名单>
```

4）将 XML 文档转换为对应的数据表，并给出数据类型。

```
<淘宝商品>
<商品 编号="001">
<名称>XML 基础教程</名称>
<描述>教科书,北京大学出版社</描述>
<价格>30.00</价格>
<买家信息>
<姓名>张荣</姓名>
<地址>重庆江北区</地址>
<电话>13998712321</电话>
</买家信息>
<库存信息>200 本</库存信息>
</商品>
<商品  编号="002">
<名称>男装  衬衫</名称>
<描述>红  男士衬衫<描述>
<价格>80.00</价格>
<买家信息>
<姓名>田雨</姓名>
<地址>北京朝阳区</地址>
<电话>13998745671</电话>
</买家信息>
<库存信息>20 件</库存信息>
</商品>
</淘宝商品>
```

8.6 习题

1. 选择题

1）JSON 来源于（　　）。

A. C 语言　　B. Web　　C. JavaScript　　D. Java

2）var JSONObject 表示（　　）。

A. 创建 JSON 对象　　B. JSON 对象　　C. 删除 JSON 对象　　D. 修改 JSON 对象

3）obj. students[2]. firstName 是指（　　）。

A. 获取了第一个学生的 firstName 值

B. 获取了第二个学生的 firstName 值

C. 获取了第三个学生的 firstName 值

D. 获取了第零个学生的 firstName 值

4）NXD 表示（　　）。

A. 对象数据库　　B. 关系数据库　　C. 纯 XML 数据库　　D. 实体数据库

5）CREATE TABLE 在 SQL 中表示（　　）。

A. 创建表　　B. 创建图　　C. 创建视图　　D. 创建模型

6）DOM 表示（　　）。

A. 对象模型　　B. 访问方式　　C. 结点　　D. 文档

2. 简答题

1）简述 XML 与 JSON 的区别。

2）简述 XML 与数据库的区别。

3）简述 XML 与关系数据库的转换方式。

4）简述 XML 数据库的分类。

参考文献

[1] 杨献峰 . XML 基础教程 [M] . 长沙：国防科技大学出版社，2010.
[2] 顾兵 . XML 实用技术教程 [M] . 北京：清华大学出版社，2007.
[3] 张银鹤 . XML 实践教程 [M] . 北京：清华大学出版社，2008.
[4] 丁跃潮 . XML 实用教程 [M] . 北京：机械工业出版社，2006.
[5] 马在强 . XML 实用教程 [M] . 北京：清华大学出版社，2008.
[6] 王震江 . XML 程序设计 [M] . 北京：中国铁道出版社，2006.
[7] 高怡新 . XML 基础教程 [M] . 北京：人民邮电出版社，2006.
[8] 王晶晶 . XML 实用教程 [M] . 北京：电子工业出版社，2015.